BIOAPRENDER

73 Curiosidades para comprender el mundo

Aitor Gálvez Belda

Cheyenne Braojos Molero de Ávila

© Aitor Gálvez Belda – Cheyenne Braojos Molero de Ávila

BIOAPRENDER – Curiosidades para comprender el mundo

Primera edición: marzo 2022

© Del texto: Aitor Gálvez Belda – Cheyenne Braojos Molero de Ávila

© Edición y maquetación: Javier Teja

Puedes contactar conmigo en: bioemprenderinfo@gmail.com – aigalbel@gmail.com

Impreso en la UE – Printed in the UE

Reservados todos los derechos. Salvo excepción prevista por la ley, no se permite la reproducción total o parcial de esta obra, ni su incorporación a un sistema informático, ni su transmisión en cualquier forma o por cualquier medio (electrónico, mecánico, fotocopia, grabación u otros) sin autorización previa y por escrito de los titulares del copyright. La infracción de dichos derechos conlleva sanciones legales y puede constituir un delito contra la propiedad intelectual.

Diríjase a CEDRO (Centro Español de Derechos Reprográficos) si necesita fotocopiar o escanear algún fragmento de esta obra (www.conlicencia.com; 91 702 19 70 / 93 272 04 47).

Este es el milagro más brutal del aprendizaje: permitirnos disfrutar de lo que no hemos hecho ni sabríamos hacer por nosotros mismos y despertar en nosotros relaciones inesperadas. No se trata de llenar una vasija de conocimiento, no suele funcionar. El aprendizaje se parece más a encender una mecha, que despierte nuestra curiosidad y esta sea la que guíe, de manera natural, nuestro aprendizaje. A todos los que se permiten aprender un poco más cada día, a los que tienen la mejora constante como bandera, a los que hacen victoria del saber, a los que no dejan de avanzar, a los que van hacia delante, caminemos y descubramos juntos nuevas fronteras.

Dedicar este libro a la persona que me inculcó el querer saber, la persona que no dejaba un día sin que aprendiese algo nuevo, que me enseñó lo ignorante que era y que por ello le estoy eternamente agradecido, que me puso unas gafas de visión crítica del mundo y me dio una visión nada convencional de cómo son las cosas y que gracias a ello hoy soy quien soy. Gracias por enseñarme la bondad, los valores y los principios que hoy guían mi vida. Gracias, papá, estés donde estés, te quiero mucho. Esto va por ti.

A mi padre, que encendió en mí la llama de la curiosidad a la que después echó gasolina.
Nunca podré agradecerte tantísimo que me diste, pasaré la vida entera en deuda contigo.

-Aitor Gálvez

A mis padres, que sin saberlo me inculcaron el maravilloso don de la curiosidad. Y a vosotros, abuelos, nunca olvidé por quién lo hacía.

- Cheyenne Braojos

ÍNDICE

0. Presentación..12
Capítulo 1. Llorar lágrimas de cocodrilo 16
Capítulo 2. Tener razón y el fútbol americano 20
Capítulo 3. La ciencia detrás de Shrek 24
Capítulo 4. El garrafón no existe..27
Capítulo 5. La diferencia entre monogamia y poligamia depende de tus hormonas 32
Capítulo 6. ¿Es cierto que el amor nos ciega? 36
Capítulo 7. Mosquitos, ¿cómo eligen a quién picar?.........40
Capítulo 8. ¿A qué se debe el olor a césped recién cortado?.......44
Capítulo 9. ¿Qué es el efecto Dunning-Kruger? 50
Capítulo 10. Del Kuru al Alzheimer ¿pueden las enfermedades neurodegenerativas ser enfermedades infecciosas?.........54
Capítulo 11. Inside Out - El papel de las emociones en nuestro comportamiento 58
Capítulo 12. Sinestesia: pa' fliparlo en colores..................62
Capítulo 13. ¿Puede un hombre dar positivo en un test de embarazo?..66
Capítulo 14. La mano negra tras "la maldición de Tutankamón" 70
Capítulo 15. El caso de Phineas Gage 72
Capítulo 16. ¿Por qué los lagartos regeneran sus extremidades? 76
Capítulo 17. ¿Qué tiene que ver la oreja de Van Gogh con la carne de hamburguesa? 80
Capítulo 18. ¿Usamos solamente el 10% de nuestro cerebro?....86
Capítulo 19. Pan de centeno: está que alucinas 90
Capítulo 20. Tu cara no me suena......................................94

Capítulo 21. ¿Por qué los animales de agua dulce desaparecen a un ritmo mayor que los animales terrestres y los marinos? 98

Capítulo 22. Palinología para luchar contra el fraude y las alergias 102

Capítulo 23. Cómo usar el método científico para desmontar una pseudoterapia 106

Capítulo 24. Biohackers, la primera serie almacenada en ADN 110

Capítulo 25. Estímulos positivos para modificar la conducta: el reforzamiento intermitente 114

Capítulo 26. Nuestra relación con los parásitos, ¿son siempre los malos? 118

Capítulo 27. Hepatitis C, con "c" de curable 122

Capítulo 28. ¿Qué es el Síndrome de Tourette? 126

Capítulo 29. ¿Por qué nos despierta el café? 130

Capítulo 30. ¿Tomar un poco de aire fresco? 134

Capítulo 31. Secuenciación, ciencias ómicas y bioinformática . 138

Capítulo 32. No está todo en los genes 142

Capítulo 33. ¿Por qué siempre hay hueco para el postre? 146

Capítulo 34. Asesinos en los hospitales 150

Capítulo 35. La Revolución Verde 156

Capítulo 36. Mascotas a favor de los inmunodeprimidos 160

Capítulo 37. ¿Por qué son rosas los flamencos? 164

Capítulo 38. La importancia de dormir bien 168

Capítulo 39. ¿Por qué se le llama la peste negra? 172

Capítulo 40. Esquizofrenia 176

Capítulo 42. ¿Qué es eso? Eso es queso 186

Capítulo 43. ¿Cómo se fabrica el oro líquido? 190

Capítulo 44. Las rockstar de la ciencia: las vacunas 194

Capítulo 45. ¿Aprietas la boca por la noche?..............................198

Capítulo 46. ¿Funciona eso del ayuno intermitente?..................202

Capítulo 47. Bacterias comepetróleo 206

Capítulo 48. La ciencia detrás del estrés 210

Capítulo 49. No eres tú, es tu asimetría......................................214

Capítulo 50. *Rigor mortis*, ¿hay vida después de la muerte? (o, mejor dicho, ¿qué pasa después de la vida?)..................218

Capítulo 51. Los zombies existen..222

Capítulo 52. Los colores no existen..226

Capítulo 53. Dime con quién andas y te diré quién eres............230

Capítulo 54. La ciencia detrás de Ron Weasly 234

Capítulo 55. ¿Por qué madrugas los findes (sin querer)?..........238

Capítulo 56. La memoria se puede heredar 242

Capítulo 57. ¿Qué son las zonas azules y quien vive en ellas? ..246

Capítulo 58. La proteína del futuro..250

Capítulo 59. Vacunas contra la demencia 254

Capítulo 60. Casi una persona de cada diez tiene una enfermedad rara..258

Capítulo 61. Vamos a dejar a los oncólogos en paro 262

Capítulo 62. ¿Por qué es más sostenible usar plástico que cartón? 266

Capítulo 63. Microbiota y autismo 270

Capítulo 64. Dona sangre y órganos 274

Capítulo 65. Tu cerebro te manipula 278

Capítulo 66. ¿Por qué lloraba sangre la estatua virgen María? ..282

Capítulo 67. El botulismo y el tétanos.......................................284

Capítulo 68. ¿Por qué aúllan los perros cuando vas a morir? ...288

Capítulo 69. Avispas en los higos...290

Capítulo 70. Píldoras curalotodo: Cuando el ketchup fue considerado medicina. 292

Capítulo 71. Lo que con tembleque sale, con tembleque se cura: el Parkinson 296

Capítulo 72. Vitamina D3, locura y vampiros 300

Capítulo 73. Leer este libro ha disminuido tu riesgo de demencia 304

Conclusión 306

Agradecimientos 310

Referencias 312

0. Presentación

Es la hora de pasar de un proyecto compartido a un proyecto compatible, con el objetivo de crecer y aprender juntos y hacer más fuerte a la comunidad científica de referencia formada por más de 200 profesionales, 100.000 científicos e interesados por la ciencia.

Las personas que se acercan a nuestra comunidad, Bioemprender, vienen con el objetivo de aprender sobre ciencia y el mundo que nos rodea.

Una de las principales precauciones es seleccionar los aprendizajes que cada persona debe adquirir. En este libro, Bioemprender y su rama de divulgación científica, llamada Bioaprender, hacen un recorrido por 73 aprendizajes que dilatarán tu mente palabra a palabra, capítulo a capítulo.

Este libro ha sido escrito por Aitor Gálvez Belda y Cheyenne Braojos Molero de Ávila.

Aitor Gálvez Belda es un biotecnólogo, MBA y experto en innovación en el sector de la salud y la empresa que le apasiona la divulgación y generar con ella un impacto positivo en el mundo. Fundador de Bioemprender, docente en la universidad de la Florida, Mondragón y EDEM Escuela de Empresarios, socio de la asociación de comuniaBiotec y cocreador del libro *"Biología para bachillerato: prepara selectividad para el 10"*, aparte de las múltiples guías académicas enfocadas a que los estudiantes STEM y universidades ganen claridad y un mapa del ecosistema de la educación a nivel nacional.

Cheyenne es bioquímica, neurocientífica, investigadora biomédica y apasionada por el conocimiento y en continuo aprendizaje. Comenzó a divulgar en redes sociales y eventos desde sus inicios en la carrera científica; actualmente, compagina sus estudios de doctorado en nuevos alimentos con su pasión con la divulgación siendo CMO de Bioaprender. Porque "la ciencia que no cuentas, no cuenta."

Por un lado, Bioaprender es la plataforma de divulgación y formación científica que comunica de manera rigurosa a la vez que sencilla y divertida de entender, para así poder llevar la ciencia a través de todas las barreras sociales que impiden su expansión. Por otro, Bioemprender es una plataforma que ayuda a científicos a encontrar su vocación y empleo y a desarrollarse mediante programas formativos, networking y bolsa de empleo.
Una vez presentados, queremos hacerte una pregunta. ¿Cuánto tiempo pierdes al día en redes sociales? Probablemente mucho. ¿Has pensado en dejar de malgastarlo? Quizás sí. Pero nunca das el paso.

Deja de culpar a las redes sociales; tu mayor enemigo eres tú mismo y estás haciendo una mala gestión de tu tiempo. Vamos al grano.

Cheyenne y Aitor, Aitor y Cheyenne, hemos decidido que venimos a cambiar la norma y a traer de vuelta los minutos que estás perdiendo en una red que realmente es una trampa.

¿Cómo te lo vamos a devolver? En forma de conocimiento.

- Respuestas que nunca te dieron para las preguntas que siempre te hiciste.

- Experimentos de años, resumidos en minutos.

- Secretos sobre ti que todavía desconoces.

- Preguntas que hacías de niño pero que un día (mal)entendiste que era mejor dejar de hacerlas.

- Conocimiento que no sabías que necesitabas y que ahora no puedes dejar de pensar en él.

Tú, que eres un@ visionari@, cuando mañana quedes con tus colegas, no podrán creer que saber de ciencia es la nueva tendencia y que la mente funciona como un paraguas, solo sirve si se abre. Estás a punto de sumergirte en un descubrimiento de la vida, de la ciencia, de ti mismo que ni imaginas.

Nunca sabemos lo magnífica que puede ser la vida hasta que tratamos de comprenderla. Te esperan 73 bioaprendizajes cada cual más variopinto que el anterior. Estamos dentro. Cambio y corto.

Capítulo 1.
Llorar lágrimas de cocodrilo

"Menudas lágrimas de cocodrilo, hijo". Recuerdo como si fuera ayer a mi madre diciéndome esta frase constantemente cuando era pequeño. Y sí, tengo que confesar que era un niño de lágrimas fáciles cuando sentía impotencia frente a una injusticia, un ataque o una desgracia sentimental.

Un poco frágil, sí. Pero ¿quién no lo era de pequeño? O de mayor. No hay problema en ello.

En realidad, no escribo este capítulo para que confieses que a ti también te pasaba, aunque sea todo un acto de valentía reconocerlo. Vengo a contarte 3 cosas, a cada cual más interesante.

¿Alguna vez te has preguntado de dónde sale la expresión *"llorar con lágrimas de cocodrilo"*?

También tengo que confesarte que soy muy fan del refranero, y es que todo refrán tiene su porqué. Y este no iba a ser menos.

El origen de este refrán se debe a la fisiopatología de un síndrome muy muy muy peculiar que lleva el mismo nombre: síndrome de las lágrimas de cocodrilo.

Primero, un poquito de historia. Aunque existen discrepancias sobre el origen de esta expresión tan peculiar, el primer texto conocido sobre las lágrimas de cocodrilo aparece en una cita de 1250, del monje franciscano Bartholomaeus de Glanville: *"El cocodrilo llora sobre su presa muerta y luego la devora"*.

Unos años más tarde, en 1284, el italiano Brunetto Latini también escribió*: "Si el cocodrilo mata a un hombre, se lo come llorando"*.

Y bueno… empezamos ya con la ciencia.

Entonces, ¿los cocodrilos lloran? Pues la respuesta es SÍ. En realidad, los cocodrilos generan lágrimas constantemente, como medio de lubricar el ojo. Como estos animales permanecen mucho tiempo bajo el agua, este lagrimeo les sirve como un mecanismo de adaptación a la vida terrestre y les permite mantener los ojos húmedos cuando no están sumergidos en el agua.

Además, estas lágrimas les sirven para limpiar la superficie ocular y eliminar los excesos de sal que contienen en su organismo. Por lo tanto, se trata de una mera cuestión de supervivencia. Pero ahí no queda la cosa.

¿Sabías que estos animales incrementan este lagrimeo mientras devoran a sus presas? ¿Acaso sienten pena? Pues oye, no. Claro que no. Todo esto tiene una explicación anatomofisiológica. Atento.

Las glándulas salivales y las glándulas lagrimales de estos animales se hallan las unas muy cerca de las otras. Esto hace que al masticar o ingerir alimento, se activen ambas glándulas a la vez (por movimientos durante la masticación), produciendo un lagrimeo constante que hace que parezca que el cocodrilo está llorando.

Si eres de los que pensaban que lloraban arrepentidos por matar a su presa, no se lo tengas en cuenta. Pero no creas que esto es algo exclusivo de los cocodrilos. Déjame que te cuente el síndrome de las lágrimas de cocodrilo (o síndrome de Bogorad, si nos ponemos tiquismiquis).

Este síndrome describe una complicación o secuela tras una parálisis facial (parálisis del VII par craneal) con recuperación incompleta caracterizada por un lagrimeo unilateral (solo de un ojo) excesivo durante la ingestión de alimentos. Se produce por una inervación aberrante de este nervio.

Así que, a no ser que hayas tenido una parálisis facial no lloras con lágrimas de cocodrilo. Más bien, somos unos dramas y punto.

Capítulo 2.
Tener razón y el fútbol americano

Todos luchamos por la verdad. O eso nos gusta creer y decir. Pero lo cierto es que cuando las verdades pueden acabar con nosotros o cambiar la forma en que vivimos nuestra vida... Entonces dejamos de ser honrados para convertirnos en otra cosa. En hipócritas.

En 1990 Bennet Omalu se había graduado como médico en Nigeria, su país natal, y tuvo la oportunidad de continuar sus estudios de posgrado en Estados Unidos, donde finalmente acabó especializándose en anatomía patológica. Era un médico investigador de calidad y, como tal, trabajaba todo el día.

Ejercía de patólogo forense. Abrir. Cerrar. Ya sabes. Y en medio de su rutina, fue a parar a su mesa de trabajo el cuerpo de una estrella del fútbol. No era Maradona. No ha ocurrido en el año 2020. Ni era fútbol... "del normal".

Michael Webster, a.k.a. Iron Mike, fue un jugador de fútbol americano de la NFL (National Football League) y es considerado el mejor central de la historia en este deporte. A los 50 años, en 2002, su cuerpo sin vida terminó delante de Bennet Omalu. Fue el primer jugador de la NFL diagnosticado con Encefalopatía Traumática Crónica (CTE, de sus siglas en inglés).

La CTE es una enfermedad neurodegenerativa provocada por lesiones cerebrales traumáticas repetitivas. En pacientes de estas características, se produce una acumulación anormal de proteína tau, una proteína abundante en el sistema nervioso asociada a la estabilización de los microtúbulos de la célula. De esta manera, las acumulaciones conducen a un deterioro del cerebro.

Probablemente, esta proteína te resulte familiar, pues es clave en enfermedades como el Alzheimer, enfermedad en la que también se forman acúmulos, pero con un patrón diferente. Los brotes psicóticos, la pérdida de memoria y algunos efectos de la enfermedad de Parkinson son los primeros síntomas. De hecho, Michael Webster decía escuchar voces en su cabeza.

A medida que la enfermedad avanza, el deterioro se traduce en demencia y problemas del habla y el movimiento. Puesto que se trata de una enfermedad producida por golpes, se ha registrado en atletas que practican deportes de contacto, como jugadores de fútbol americano o boxeadores.

Nos gusta la verdad, pero nos gusta más el fútbol. Bennet Omalu quiso advertir de los riesgos del fútbol americano tras la muerte de varios jugadores y, como no consiguieron sobornarle, le hicieron la vida imposible. Pero si estás leyendo este capítulo es porque finalmente su trabajo fue publicado. Porque la verdad siempre prevalece (y la ciencia también).

Este caso tuvo tanta repercusión que Will Smith protagonizó una película sobre él hace poquito. Por cierto, no vale tachar este capítulo de spoiler: es un caso real, no una aventura de ficción; aunque a veces el mundo del fútbol me resulta bastante fantástico, literalmente.

En resumen, dos lecciones:

1. Ten cuidado de lo que haces con tu cabeza.
2. La verdad prevalece, así que no trates de esconderla demasiado.

Capítulo 3.
La ciencia detrás de Shrek

Hace unos días escuché *"I'm a believer"* de Smash Mouth en la radio y la peli de Shrek me vino directa al cerebro. El caso es que empecé a recordar a este peculiar personaje grande y verde en su ciénaga y pensé ¿Qué narices le pasaba en la cara? Bueno, qué narices, qué mandíbula, qué manos y qué "todo", ¿no?

Y es que, aunque nos querían retratar a un ogro (y no te lo iban a pintar chiquitito y mono), Shrek está inspirado en un luchador francés llamado Maurice Tillet. Tillet desarrolló una enfermedad a los 20 años, la cual le deformó la cara y tuvo que emigrar a los EE.UU. por las burlas que ésta le conllevó. Fue allí donde consiguió la fama al posicionarse como uno de los más importantes de la lucha libre profesional de los años cuarenta.

El "Ángel Francés" o "El ogro del cuadrilátero", cómo se le bautizó dentro del "ring", murió sin apenas alcanzar los 40 años. Cuentan que le hicieron hasta tres máscaras mortuorias, una de las cuales, aseguran, sirvió a los dueños de la productora DreamWorks como inspiración para crear el rostro del protagonista de este capítulo.

Maurice, y con él Shrek, nos acercan a esta fascinante enfermedad: la acromegalia. La acromegalia un trastorno caracterizado por una secreción excesiva e inadecuada de GH (growth hormone, hormona del crecimiento en castellano).

Antes de continuar, me gustaría recordar (aunque sé que te lo sabes perfectamente) el metabolismo normal de la GH. La GH es sintetizada y secretada por las células somatotropas de la adenohipófisis o hipófisis anterior y, de manera fisiológica, su secreción es pulsátil (y no continua), aumentando ésta durante el sueño. Además de este factor, influyen otros como la edad: los picos de GH durante la pubertad son mucho más elevados que los que esperamos encontrar en un adulto o un anciano.

En la acromegalia, decimos que es "inadecuada" porque se pierde el patrón normal de secreción de esta hormona y, entre picos, suele quedarse en valores suprafisiológicos. ¿La causa de este descontrol? Un adenoma hipofisario. Sí, un tumor (aunque existen otras causas, ésta es la más frecuente).

Y, ¿qué cambios fenotípicos puedo observar? Pues, las personas con acromegalia suelen comenzar con agrandamiento de las partes acras: los anillos se quedan pequeños y aumenta la talla de zapatos. En cuanto a la cara, crece la nariz (y sin mentir también), la mandíbula (que hace que se vayan separando los dientes), la lengua, los labios…

¿A que ya te estás imaginando otra vez a Shrek? ¡Claro!

Como te he explicado anteriormente, crecen muchas partes del cuerpo. Lo que no te había dicho es que… ¡También crecen las vísceras!

Nuestro paciente tendrá visceromegalias (corazón, pulmones, hígado, bazo, riñón, próstata…). ¡Todas gigantes!

Y con todo esto más los efectos metabólicos de una secreción excesiva de GH, aumentan las comorbilidades (la presencia de uno o más trastornos además de la enfermedad o trastorno primario).

Entre otras, habrá alteraciones:

- Cardiovasculares y respiratorias: con hipertensión, disnea, síndrome de apnea del sueño.

- Digestivas: con pólipos de colon y riesgo de cáncer.

- Psicosexuales: con disminución de la líbido, disfunción eréctil, depresión.

Por todo ello, nuestro Shrek tendrá un riesgo aumentado de mortalidad con respecto a la población general. La causa más frecuente de ésta suele ser la enfermedad cardiovascular.

La solución a este problema radica en la cirugía (si existe un tumor, vamos a extirparlo). Y, en cuanto a la vía de elección, la transnasal transesfenoidal. Perdón, ¿Transesfenoqué? Significa que acceden al adenoma por la nariz.

Entran en la cavidad nasal y buscan la pared anterior del seno esfenoidal y acceden a la hipófisis anterior (donde nace el tumor). Y, una vez localizado, se extirpa. Así que, si alguna vez os encontráis a Shrek, le contáis todo lo que ya sabéis sobre esta enfermedad (que no es poco) y le decís que busque un médico que le vea eso rapidito.

Capítulo 4.
El garrafón no existe

El alcohol es un compuesto depresor, diurético y desinfectante. Suena genial para ser un compuesto que llevamos consumiendo miles de años -según muestran algunos de los primeros textos escritos y ciertos fragmentos de cerámica china, los seres humanos llevamos consumiendo alcohol desde el 7000 a.C.-. Hay muchos tipos de bebidas alcohólicas, pero todo el alcohol que consumimos está fabricado a base de etanol.

El etanol se produce por las levaduras, las cuales fermentan los azúcares presentes en las frutas y en el grano. Estas levaduras se alimentan de dichos azúcares y, al metabolizarlos, liberan etanol (esta no es la única forma de conseguir alcohol etílico, pero sí la más conocida y utilizada). El etanol es una molécula pequeña y muy soluble en agua, características que facilitan su absorción en el intestino, distribuyéndose hacia el resto de órganos y tejidos.

Una vez el etanol pasa a nuestra sangre, el órgano que se encarga de procesarlo es el hígado. El hígado, además de estar muy implicado en el metabolismo de nutrientes, también es el encargado de procesar cualquier sustancia tóxica que ingerimos. Alrededor del 90-98% del etanol que consumimos se procesa en el hígado, en dos fases. La primera fase involucra una enzima llamada Alcohol Deshidrogenasa (ADH), que descompone el etanol en un compuesto llamado acetaldehído que es, en realidad, una toxina.

En la segunda fase, la Aldehído Deshidrogenasa (ALDH) -otra enzima- descompone rápidamente el acetaldehído en acetato que, o se excreta, se usa para construir otras moléculas o se descompone en agua y CO_2. Pero esto no es tan sencillo: en determinadas poblaciones asiáticas, sobre todo China, Japón y Corea, muchos individuos carecen de esta enzima, lo cual genera náuseas, sudores y dolor de cabeza instantáneo, entre otros.

El paso del etanol desde la caña de cerveza hasta el cerebro no es un camino directo, y la velocidad con la que llega depende de varios factores, siendo uno de ellos muy conocido y fácil de controlar: si hemos comido o no.

Aproximadamente, el hígado es capaz de procesar una bebida alcohólica a la hora, ¿qué pasa con el resto del etanol? Que llega al resto de órganos, incluido el cerebro. En el cerebro el etanol actúa como un depresor, ralentizándonos. Esto se produce porque afecta a los neurotransmisores (los neurotransmisores son la manera que tiene nuestro cerebro de comunicarse con el resto del cuerpo), principalmente a GABA, glutamato y dopamina.

El etanol aumenta los efectos de GABA, que es un neurotransmisor inhibidor. Es decir, disminuye la actividad cerebral, a lo que hay que sumarle que se reduce la actividad del glutamato, que es un neurotransmisor excitador (por eso muchas veces cuando bebemos alcohol nos entra sueño).

También se libera dopamina, un neurotransmisor implicado en el circuito de recompensa, de manera que probablemente nos apetecerá una cerveza más, pero esto tiene un gran componente genético, social y cultural. Y, el día de después, ¿qué pasa?

Como ya hemos dicho, el alcohol deshidrata. Esto se debe a que, cuando bebemos alcohol, se inhibe el funcionamiento de la vasopresina, que es una hormona encargada de la reabsorción del agua mediante la concentración de orina. Por eso, cuando bebemos mucho alcohol tenemos mayor necesidad de ir al baño, lo cual conlleva que también se eliminen más sales minerales y otros compuestos importantes.

La pérdida excesiva de agua en la orina hace que el cerebro también pierda muchos líquidos, dando lugar a dos de los principales síntomas de la resaca: el dolor de cabeza y la sed. "Pero las resacas con garrafón son peores" Siento decirte que no, básicamente por un pequeño detalle, el garrafón no existe, de hecho, el último caso que se detectó en el Laboratorio de Salud Pública de Madrid fue en 2012. Lo que conocemos como "garrafón" es alcohol diluido con metanol.

Para metabolizar el metanol, la primera enzima implicada vuelve a ser la Alcohol Deshidrogenasa (ADH), la misma enzima implicada en el primer paso del metabolismo del etanol. Sin embargo, a diferencia del etanol, el metanol no lo podemos metabolizar tan bien, dando lugar a ácido fórmico, un compuesto que se acumula en el organismo y que, finalmente, alcanza niveles tóxicos que pueden causar ceguera y acidosis metabólica (de aquí viene la expresión "cogerse un ciego").

En caso de sufrir una intoxicación por metanol una de las medidas específicas como antídoto es suministrar etanol, ya que su afinidad por la ADH es 10-20 mayor, de manera que disminuyen los efectos nocivos del metanol. ¿Sigues creyendo que lo que bebiste esa noche fue garrafón o unas cuantas copas de más?

Y, por aclararlo: con este capítulo no animamos al consumo de bebidas alcohólicas y espirituosas, sino al consumo responsable de las mismas.

Capítulo 5.
La diferencia entre monogamia y poligamia depende de tus hormonas

Las hormonas que generan vínculo afectivo, fidelidad y confianza varían entre hombres y mujeres y son la vasopresina y la oxitocina, respectivamente. Estas hormonas, además, están relacionadas con el comportamiento parental (para asegurar la supervivencia del recién nacido) y con el comportamiento social. En definitiva, son hormonas que generan vínculos sociales.

Pero ¿cómo se establecen los vínculos sociales? Para aclarar esta pregunta se han realizado estudios con animales que se pueden extrapolar ligeramente a humanos.

Estos experimentos se llevaron a cabo con ratones de campo de dos tipos: ratones de pradera y ratones de montaña. Los ratones de montaña son polígamos, porque viven en una situación más comprometida, con menos disponibilidad de alimento, de bebida, etc., mientras que los ratones de pradera son monógamos. Es importante señalar que los animales pueden detectar la oxitocina de diferentes maneras: en ratones se detecta mediante estímulos olfativos, mientras que en humanos es principalmente mediante estímulos visuales. La vasopresina, por su parte, es una hormona de respuesta al estrés volémico.

Para realizar el experimento se utilizó un test, llamado *prueba de las tres cámaras*, en el que se utiliza una caja especial, utilizada en laboratorios para estudiar el comportamiento animal, en concreto la conducta social. Esta caja, como el propio nombre indica, tiene tres espacios.

En el primer experimento el ratón macho está libre, pero la hembra está dentro de una jaula en uno de los extremos de la caja. Ambos conviven, establecen vínculos y, pasado un tiempo, se pone en el otro lado de la jaula una hembra desconocida para el macho. Después, se mide con cuál de las hembras pasa más tiempo.

En los resultados se comprueba que los machos de la pradera prefieren estar con la hembra conocida y pasan poco tiempo con la desconocida, sin embargo, a los ratones macho de la montaña les da igual una que otra, no establecen vínculo con ninguna. Si hacemos el experimento con hembras en el hueco central y machos a ambos lados ocurre lo mismo.

Los investigadores se dieron cuenta de que, en el caso de los ratones de la pradera, si se ponía oxitocina a la hembra nueva o vasopresina al macho nuevo, el vínculo se establecía más rápido, pero en el caso de los ratones de montaña, el uso de estas hormonas daba igual. Esto se debe a las diferencias de densidad de receptores para vasopresina y oxitocina.

Los estudios han demostrado una mayor densidad de receptores para oxitocina y vasopresina en ratones de la pradera, concretamente en el núcleo accumbens y en el pálido ventral (es decir, es donde hacen efecto estas hormonas). Sin embargo, en los ratones macho y hembras de la montaña, que no producen vínculo social, la densidad de receptores en estas áreas es muy baja.

En humanos no es tan fácil estudiar el papel de la oxitocina y la vasopresina en el comportamiento social porque, todavía, no podemos estudiar el cerebro humano para ver la densidad de receptores. Los experimentos realizados hasta ahora demuestran que hay gran variabilidad genética en la población. Además, es difícil encontrar un patrón, ya que la sociedad también juega un papel muy importante.

En principio, en cuanto a los vínculos sociales y las relaciones personales, la oxitocina y la vasopresina nos hacen reconocernos y generar vínculos, y posteriormente entran en juego las endorfinas, que genera bienestar al estar con la persona que se quiere.

Capítulo 6.
¿Es cierto que el amor nos ciega?

Antes de seguir leyendo quiero advertiros de algo: si venís a buscar cómo enamorar a alguien este no es el capítulo correcto. Aquí hemos venido a hablar de la bioquímica y neurociencia del amor, así que lo primero que debemos saber es que no nos enamoramos con el corazón, sino con el cerebro.

Son varios los autores que han estudiado los procesos bioquímicos y neurológicos implicados en el amor. Uno de ellos fue Stenberg, quien, en 1986, postuló el modelo que se conoce como el *triángulo del amor*, en el cual divide la experiencia amorosa en tres fases: fase de pasión, fase de intimidad y fase de compromiso. En cada una de estas fases nuestro cerebro es el encargado de liberar lo que se conoce como neurotransmisores. Son varios y cada uno de ellos cumple una función.

La primera fase es la fase de pasión, en la cual nos encontramos en la división erótica del amor. En esta fase se liberan testosterona y adrenalina, que incrementa la presión sanguínea y nos levanta lo que viene siendo el *"ánimo"*. Además, se activa la corteza cingulada anterior. Esta región cerebral tiene conexiones con la amígdala, y es capaz de inhibir una región muy importante de ésta, relacionada con la crítica social, lo que, básicamente, nos ciega. Sí, el amor nos ciega, y evolutivamente esto supone una ventaja, ya que nos asegura perpetuar la especie y no dejarnos influenciar por las opiniones del entorno.

La segunda fase es la fase de intimidad. Esta etapa dura generalmente entre 12 y 18 meses y se caracteriza por el deseo de comunicación, respeto y proximidad con la pareja. En esta etapa se libera feniletilamina, un compuesto de la familia de las anfetaminas, cuya función básicamente es "intensificar" todas nuestras emociones, provocando un estado de euforia.

Nuestro cerebro comienza también a liberar una mayor cantidad de dopamina, de manera que se activa el circuito de recompensa, cada vez nos gusta más ver a esa persona, arreglarnos cuando se va a producir un encuentro e incluso somos capaces de forzar encuentros "por casualidad". Todo esto genera una sensación de bienestar: somos adictos al amor.

Los niveles de norepinefrina se elevan, lo cual estimula la producción de adrenalina: nos sentimos felices, llenos y plenos, e incluso disminuye el sueño y el apetito. Por otro lado, los niveles de serotonina caen hasta niveles similares a los de un trastorno obsesivo compulsivo, lo cual nos lleva constantemente a querer saber sobre la otra persona, revisar sus redes sociales o incluso obsesionarnos con el doble check azul.

En esta fase seguimos teniendo activada la corteza cingulada anterior, de manera que sigue inhibida el área relacionada con la crítica social de la amígdala. A esto hay que sumarle que se activa el área tegmental ventral, un área implicada en la motivación: vemos a esa persona diferente a todas las demás y queremos pasar tiempo con ella. Además, la corteza prefrontal se activa menos de lo normal, de manera que idealizamos a la persona.

La tercera fase es la fase de compromiso. En esta etapa el amor se consolida, nuestro cerebro libera endorfinas que generan bienestar, los niveles de serotonina vuelen a niveles normales y entran en juego otras dos hormonas que son las principales responsables de esta fase: oxitocina en el caso de las mujeres y vasopresina en el caso de los hombres. Estas hormonas nos permiten reconocernos y generar vínculos afectivos, fidelidad y confianza.

La oxitocina es una hormona muy importante en las relaciones sociales desde que nacemos, ya que se libera durante las contracciones del útero y es la responsable de que el recién nacido reconozca a la madre. Esta hormona también se libera cuando nos acarician y durante el orgasmo para generar vínculos afectivos. Durante esta etapa de apego nuestros juicios de valor también son menos realistas.

Durante esta etapa, además, nuestro cerebro se acostumbra a los niveles de dopamina y norepinefrina: si no lo hiciésemos, no nos estaríamos adaptando y el resultado podría ser terrible. Sin embargo, hay personas que son adictas a la euforia del amor, por eso sienten la necesidad de cambiar de pareja pasado un periodo corto de tiempo.

Está claro que el amor es una experiencia compleja e individual, cuya finalidad principal, en términos bioquímicos, es asegurar la reproducción y el mantenimiento de la especie.

Capítulo 7.
Mosquitos, ¿cómo eligen a quién picar?

¿Qué es lo que más odiáis del verano? Yo, sin duda, los mosquitos, pero creo que es una antipatía muy presente en nuestra sociedad. Sus picaduras y sus zumbidos persistentes pueden arruinar cualquier plan, desde una noche con amigos, un viaje, un paseo por el campo o el más plácido de los sueños.

Pero más allá de las molestias que puedan causarnos, los mosquitos son vectores de enfermedades letales para el ser humano. Las enfermedades transmitidas por mosquitos causan millones de muertes en todo el mundo cada año con un efecto desproporcionado en los niños y los ancianos de los países en desarrollo.

Hay más de 3.000 especies de mosquitos, pero los miembros de tres de ellas tienen la responsabilidad principal de la propagación de enfermedades humanas. Los mosquitos *Anopheles* son la única especie que se sabe que transporta la malaria. También transmiten filariasis (también llamada elefantiasis) y encefalitis. Los mosquitos *Culex* transportan encefalitis, filariasis y el virus del Nilo Occidental. Y los mosquitos Aedes, de los cuales el voraz tigre asiático es miembro, llevan fiebre amarilla, dengue y encefalitis.

Los mosquitos transmiten la enfermedad de diversas maneras. En el caso de la malaria, los parásitos se adhieren al intestino de un mosquito hembra y entran en un huésped mientras se alimenta. En otros casos, como la fiebre amarilla y el dengue, un virus entra en el mosquito a medida que se alimenta de un humano infectado y se transmite a través de la saliva del mosquito a una víctima posterior.

Los mosquitos utilizan el dióxido de carbono exhalado, los olores, la temperatura, y el movimiento para elegir a sus víctimas. Sólo los mosquitos hembra tienen las partes bucales necesarias para chupar sangre. Al morder con su probóscide, apuñalan dos pequeños tubos en la piel: uno para inyectar una enzima que inhibe la coagulación de la sangre; el otro para chupar la misma. Utilizan la sangre no para su propia nutrición, sino como una fuente de proteína para sus huevos.

Muy bien, pero ¿por qué si estamos dos en la misma cama me pican solo a mí? Hay varias teorías al respecto.

Puede ser que estés produciendo mucho ácido láctico (porque estás sudando mucho), lo cual también puede producir olores corporales por los que se sientan atraídos. Siguiendo en la misma línea, si has hecho mucho deporte, has bebido alcohol o estás embarazada, entre otros factores, tu tasa metabólica se puede incrementar y con ello aumenta la liberación de CO_2, que, como ya hemos dicho, es uno de los factores clave para seleccionar a sus víctimas.

Otro factor a tener en cuenta es el grupo sanguíneo: un estudio en el Journal of Medial Entomology demostró que los mosquitos suelen preferir picar a personas de grupo sanguíneo 0 frente a las del grupo sanguíneo A.

Si hay algo que caracteriza las cenas de las noches de verano es el típico foco plagado de mosquitos ¿pero por qué pasa esto? Al igual que los navegantes hace miles de años, los mosquitos en particular, y los insectos nocturnos en general, utilizan la luz de los astros como guía cuando van en busca de alimento.

Como estos navegantes, los mosquitos ven la luz de la luna o de las estrellas en la lejanía, y la usan como guía, de manera que fijan este punto de luz y lo siguen. Si sigo avanzando y el punto de luz no se mueve sabré que no he modificado mi trayectoria y que sigo en línea recta. Pero ¿qué pasa cuando el punto de luz no está a millones de kilómetros sino a escasos 20 metros? Pues que, aunque lo fijes e intentes mantener una trayectoria recta, siempre conseguirás alcanzar el punto de luz, dejándolo a alguno de tus lados, de manera que pensarás que has modificado tu trayectoria hacia un lateral.

Es por esto que los mosquitos, en un intento frustrado de mantener su trayectoria constante, realizan correcciones de la misma cada poco tiempo, lo que finalmente deriva en espirales cada vez más pequeñas hasta que terminan chocando con la fuente de luz. La contaminación lumínica es un gran problema para los insectos voladores nocturnos.

Las luciérnagas, por ejemplo, tienen problemas para identificar los destellos de otras luciérnagas en lugares con mucha contaminación lumínica. Este exceso de luz puede ser además un problema para los insectos que se aparean entre el anochecer y el amanecer, disminuyendo sus posibilidades de encontrar pareja y producir descendencia.

Capítulo 8.
¿A qué se debe el olor a césped recién cortado?

Imagina dos ejércitos. Imagínalos, si quieres, sobre un tablero de ajedrez. Observa la batalla.

El blanco plantea una amenaza a una de las piezas más importantes del negro. Pero es el turno del negro. Y lo tiene claro: en otra parte del tablero, iguala el valor de la amenaza del blanco.

Porque sabe que atacar es, en muchos casos, la mejor forma de defenderse. ¡Oh, benditos proverbios!

Así pues, en cualquier entorno, los animales (entre los que nos incluyo a ti y a mí) nos vemos acechados por innumerables peligros. Y, de muchos, nos defendemos con un buen contraataque. Sirva como ejemplo el mosquito al que revientas en la pared de tu habitación después de una noche insoportable de picor.

Pues bien, las plantas no iban a ser menos; pero, como la mayoría de ellas no tienen manos ni son móviles, han de recurrir a otras estrategias posiblemente mucho más interesantes que las nuestras. Como ya sabes, estos maravillosos y explotados seres son capaces de producir miles de sustancias distintas. Estas dan lugar a diferentes tipos de respuesta. Entre otras cosas, vas a descubrir qué relación tiene el olor a césped recién cortado con los mecanismos de defensa de esta planta.

Determinados aldehídos y alcoholes son los compuestos responsables de este olor tan característico. Estos compuestos se volatilizan cuando la planta sufre un corte, una herida. Y pueden tener distintas funciones según qué planta: combatir posibles infecciones, servir de insecticida, ahuyentar al atacante, atraer a depredadores de ese atacante…

Además, otras plantas cercanas son capaces de detectar lo que le está ocurriendo a su vecina. De esta manera, aprovechan para poner en marcha sus defensas y transportar azúcares y otros recursos hacia sus raíces, lo que minimiza las potenciales pérdidas que puedan sufrir ante un posible ataque.

O sea que sí, lo que ocurre cuando se corta el césped es que se produce una herida en las hojas similar a la que haría un herbívoro o un insecto. Por tanto, el césped desprende estos compuestos avisando del daño.

Si atendemos a otras plantas y olores, podemos encontrar mecanismos semejantes. El ajo y la cebolla son claros ejemplos de vegetales con este tipo de compuestos defensivos.

Sin embargo, hay muchas especies cultivables que carecen de mecanismos de defensa. Qué coincidencia que las especies que cultivamos sean las mismas incapaces de defenderse de depredadores y patógenos, ¿no? Pues de coincidencia nada.

Unos cuantos años atrás, cuando el ser humano dejó de ser nómada y escogió la estabilidad de una casa y un horario de oficina, inició el proceso de domesticación de las especies vegetales que consumía. Así pues, con el tiempo, fue seleccionando las variedades más nutritivas y menos tóxicas.

Las plantas cultivables han dejado de ser silvestres, salvajes, y, por tanto, de disponer de mecanismos de defensa como los que comentaba antes. Pero... ¡Buenas noticias! La biotecnología juega de nuestro lado: los cultivos pueden seguir siendo dóciles, tener alto valor nutritivo y baja toxicidad y, al mismo tiempo, defenderse de otros seres y sus efectos indeseables gracias a la ingeniería genética.

Mediante técnicas relativamente sencillas, determinadas plantas pueden adquirir genes de resistencia para utilizar mecanismos de defensa tan complejos y útiles como los del resto de plantas. Y esto nos lleva a otra cuestión... ¿Las plantas tienen sentidos?

Que las plantas se comunican no es una novedad. Acabamos de ver que el olor a césped recién cortado no son más que moléculas que sirven para avisar al resto de plantas de que están sufriendo un daño. Este olor también sirve para ahuyentar a los depredadores, pero el flujo de moléculas que lo produce también tiene otras funciones muy diversas, como almacenar recursos en sus raíces para disminuir las pérdidas.

Además, también sabemos desde hace varios años que las plantas responden a estímulos táctiles y vibracionales. Pero ¿son estos los únicos "sentidos" que poseen las plantas?

Esto fue lo que intentó determinar en 2019 el grupo de Lilach Hadany, mediante el uso de flores de *Oenothera drummondii*, expuestas al sonido de reproducción de una abeja volando. Más de un 85% de las plantas con flores dependen de los polinizadores para su reproducción, con lo cual el proceso de atracción de estos animales es fundamental.

Las estrategias más conocidas son el uso de señales como colores vibrantes u olores atractivos, y la recompensa alimentaria con néctar y polen. Estudios previos habían demostrado que tener más recompensa alimentaria disponible aumentaba la probabilidad de que el polinizador visitase otras flores de la misma especie, aumentando, a su vez, la probabilidad de fecundación y reproducción. Pero, fabricar esta recompensa no es barato energéticamente hablando. Por lo que, ¿cómo podría estar regulado?

Cuando los insectos y otros animales polinizadores vuelan, el batir de sus alas produce ondas de sonido que podrían ser percibidas por las flores y aumentar la producción de néctar. Los investigadores sugieren que la exposición de las flores de *Oenothera drummondii* al sonido del vuelo de una abeja o a sonidos sintéticos de frecuencias similares favorece la producción de un néctar más dulce en 3 minutos, lo que aumenta la probabilidad de polinización cruzada. Sin embargo, las flores no responden a sonidos de mayor frecuencia.

¿Y todas las flores responden igual? ¿Pueden las flores comunicarse con las abejas? Los investigadores demuestran que la flor ejerce la función de "oído" externo, siendo la responsable de recibir el sonido que produce el batir de las alas del polinizador y producir una respuesta en forma de vibración mecánica, pudiendo ser esa vibración recogida por mecanorreceptores presentes en la planta. ¡La comunicación es bidireccional!

Además, proponen que la frecuencia de resonancia de la flor dependerá de sus parámetros mecánicos (tamaño, forma y densidad), lo cual permitiría a las flores escuchar selectivamente unos sonidos u otros en función de su frecuencia y evitaría la producción de néctar innecesario cuando el polinizador ya está entretenido con otra flor de una especie diferente. Esta especificidad de frecuencia podría explicar también por qué la flor filtra las vibraciones inducidas por el viento, que generalmente están en frecuencias más bajas.

Estos descubrimientos podrían tener una gran importancia en el campo de la agricultura. Ahora, si me lo permitís, voy a ponerle algo de música a mis flores.

Capítulo 9.
¿Qué es el efecto Dunning-Kruger?

"La verdadera ciencia enseña, por encima de todo, a dudar y a ser ignorante"

– Miguel de Unamuno.

Estas sabias palabras que nos deja Miguel de Unamuno deberíamos releerlas cada vez que tenemos una duda sobre nosotros y nuestro conocimiento. La ciencia tiene un valor oculto esencial, la duda. La persona que es incapaz de poner en duda lo que cree, nunca aprenderá a pensar de manera crítica y usar el método científico.

La duda conlleva a la búsqueda de respuestas, lo que incrementa nuestro conocimiento, algo vital en la ciencia. Sentirse un ignorante es bueno para seguir descubriendo. ¿Qué incentivo tendríamos si no para aprender más?

Esta idea también la plasmó Sócrates, con su conocida frase *"Solo sé que no sé nada"*. Un científico puede ser débil porque no ha dudado lo suficiente y ha llegado a unas conclusiones erróneas. Puede premiarse la mediocridad antes que la excelencia, por no permitirse ir un paso más allá.

También se muestra esto en el efecto Dunning-Kruger. Este es un sesgo cognitivo en el cual los individuos con escasos conocimientos sufren de un sentimiento de superioridad ilusorio, considerándose más inteligentes que otras personas más preparadas, midiendo incorrectamente su habilidad por encima de lo real. Un claro ejemplo de esto, podría ser cualquier persona que se ata a una pseudociencia ante todo y por muchos datos que se le aporten y nunca pone en duda su posición.

Por el contrario, los individuos altamente cualificados tienden a subestimar su competencia relativa, dando por sentado erróneamente que las tareas que son fáciles para ellos también son fáciles para los demás. Esto ocurre muy a menudo en intelectuales.

El fenómeno fue demostrado en una serie de experimentos realizados por Justin Kruger y David Dunning, de la Universidad de Cornell (Nueva York, EE. UU.). Sus resultados fueron publicados en el Journal of Personality and Social Psychology de diciembre de 1999.

En este estudio se describieron varias hipótesis que se comentan a continuación:

Los individuos incompetentes tienden a sobrestimar su propia habilidad. Los individuos incompetentes son incapaces de reconocer la habilidad de otros. Los individuos incompetentes son incapaces de reconocer su extrema insuficiencia. Si son entrenados para mejorar su nivel de habilidad pueden reconocer y aceptar su falta de habilidades previas.

David Dunning y Justin Kruger concluyeron que: «*La sobrevaloración del incompetente nace de la mala interpretación de la capacidad de uno mismo. La infravaloración del competente nace de la mala interpretación de la capacidad de los demás*».

Para concluir, destacar las palabras de Charles Darwin *«La ignorancia genera confianza más frecuentemente que el conocimiento»*. Confiad en vosotros mismos, valéis y sabéis más de lo que creéis. Pero también recordad esta frase de Robe *"Me enervan los que no tienen dudas y aquellos que se aferran a sus ideales, sobre los de cualquiera"*.

Capítulo 10.
Del Kuru al Alzheimer ¿pueden las enfermedades neurodegenerativas ser enfermedades infecciosas?

Si hablamos de priones probablemente lo primero que nos venga a la cabeza sea la conocida como "Enfermedad de las vacas locas" pero ¿y si os digo que quizás haya otras enfermedades relacionadas con ellos? Vayamos por partes: ¿qué es un prión?

Los priones son agentes infecciosos proteicos que presentan plegamiento anormal y son capaces de inducir este mal plegamiento a otras proteínas similares cuando estas presentan la conformación normal, causando encefalopatías espongiformes, tanto humanas como animales. Básicamente, es como en The Walking Dead: cuando una proteína "zombi" toca a otra sana, ésta también se vuelve zombi.

La enfermedad de Kuru es una de las enfermedades neurodegenerativas priónicas más conocidas. Se trata de una enfermedad endémica de Papúa Nueva Guinea, que se transmitía de una manera muy particular: el canibalismo. Al morir uno de los sabios de la tribu, el resto de los miembros de esta se comían su cerebro para conseguir su sabiduría, de manera que se infectaban y, finalmente, fallecían.

¿Qué relación puede tener esto con el resto de las enfermedades neurodegenerativas conocidas? Las enfermedades neurodegenerativas son demencias primarias/vasculares (mixtas), irreversibles, corticales o subcorticales, que presentan unos rasgos patológicos comunes, entre los que destacan la muerte neuronal masiva y la acumulación de proteínas.

La evidencia actual señala que existe transmisión célula-célula de las principales proteínas patogénicas implicadas en las enfermedades neurodegenerativas, incluidas la alfa-sinucleína en la Enfermedad de Párkinson y Aß y Tau en la Enfermedad de Alzheimer. Esta transmisibilidad célula-célula a menudo se denomina "prion-like", ya que recuerda a la transmisión priónica. Esto ha generado preocupación sobre la transmisión de los agregados proteicos patológicos que se presentan en las enfermedades, y el posible riesgo de contaminación del paciente después de una cirugía o transfusión.

La acumulación alfa-sinucleína en cuerpos de Lewy es la principal característica neuropatológica en la enfermedad de Parkinson. En 2008, el grupo de Patrik Brundin informó de la presencia de depósitos de alfa-sinucleína en las células mesencefálicas en cerebros de pacientes de Parkinson trasplantados postmortem, lo que significa que el receptor es capaz de infectar las células del donante, dando lugar al cambio de conformación, agregación y depósito de esta alfa-sinucleína en las células del donante, de manera que la terapia celular podría dejar de ser útil para el tratamiento de la enfermedad.

En cuanto a la Enfermedad de Alzheimer, ya en 1994 Ridley y Baker demostraron que la inyección de homogeneizados cerebrales de Enfermedad de Alzheimer en tities inducía la acumulación de proteína Aß, endógenas formando placas seniles. Todo esto parece apuntar a que las proteínas que se acumulan en estas dos enfermedades tienen la capacidad de alterar el plegamiento de las proteínas normales correspondientes, es decir, tienen la capacidad de actuar como priones, pero ¿existe riesgo de infección entre humanos?

Aunque son pocos los estudios que han abordado este tema, actualmente no hay evidencia de transmisión interhumana de alfa-sinucleína, sin embargo, se han encontrado casos de pacientes adultos-jóvenes que habían desarrollado angiopatía amiloide -en la cual se producen acúmulos de Aß- años después de haber sufrido una intervención neuroquirúrgica.

¿Estamos enfocando la investigación y clínica de las enfermedades neurodegenerativas de manera correcta? ¿Es hora de cambiar el punto de mira? Está claro que aún tenemos muchas preguntas que responder, pero el camino es sólo uno: la investigación.

Capítulo 11.
Inside Out - El papel de las emociones en nuestro comportamiento

En 2015, Disney-Pixar sorprendió a todos los públicos estrenando la película Inside Out (Del revés), una película basada en las emociones para la cual contaron con el apoyo de un grupo de neurocientíficos de la Universidad de Carolina-Berkeley. Pero ¿Para qué sirven las emociones? ¿Hay emociones buenas y malas?

Las emociones son reacciones psicofisiológicas que todos experimentamos, y cada persona las experimenta de una forma particular dependiendo de sus experiencias, aprendizajes, cultura o situación en la que se encuentre. Actualmente, no existe consenso científico sobre cuántas emociones existen con exactitud, pero generalmente se suelen señalar 6 emociones básicas que son bastante universales para los primates y para todos los grupos sociales: alegría, miedo, ira, tristeza, asco y sorpresa.

Estas emociones no se producen normalmente en su forma aguda, sino que tienen formas intermedias. En la película solamente contamos con 5 de estas emociones, alegría, miedo, ira, tristeza y asco, y es por esto por lo que, al principio de la película, los recuerdos de Riley, la protagonista, sólo son de un color, y, a medida que crece y aprende, los recuerdos presentan mezclas de colores, de manera que podemos diferenciar las emociones básicas (agudas) de las emociones secundarias.

El procesamiento central de las emociones empieza siempre con un estímulo, por ejemplo, el olor de una colonia. Este estímulo produce un procesamiento neocortical y subcortical (fundamentalmente, por el sistema límbico) y es importante señalar que, en este procesamiento, los procesos de recompensa son más persistentes que los procesos aversivos. ¿Qué quiere decir esto? Que las emociones "positivas" son más duraderas que las "negativas", y esto tiene dos aplicaciones fundamentales:

- El aprendizaje por recompensa es más persistente que el aprendizaje por castigo.

- Los recuerdos adquiridos a través de mecanismos de recompensa, asociados a emociones "positivas", según indica el grupo de Rubin, se recuerdan mejor e incluso se pueden rememorar con la misma intensidad; pero los recuerdos aversivos, asociados a emociones "negativas" no podemos rememorarlos a la misma intensidad que en el momento agudo (salvo en condiciones patológicas). Esto quiere decir que lo que un día te hizo daño te sirvió para aprender, pero nunca podrá hacerte el mismo daño. Sin embargo, lo que un día te causó alegría lo hará cada vez que lo recuerdes.

Pero no tiene ningún sentido clasificar las emociones como "positivas" o "negativas": las emociones son adaptativas y necesarias. En la película, vemos como

Alegría intenta apartar a Tristeza constantemente, ya que considera que la tristeza es mala e innecesaria, para al final darse cuenta de que es tan necesaria como el resto de las emociones.

Experimentar emociones "negativas" no es malo, y tampoco nos hace malas personas. Es completamente normal y necesario. Sin embargo, sí puede ser malo el comportamiento que se deriva de estas emociones, como cuando Riley se siente triste y enfadada y decide gritar a sus padres y escaparse de casa.

Las emociones pueden servir para prepararnos para la acción, para dar forma a nuestro comportamiento futuro o para ayudar a regular nuestra interacción social, ya que los seres humanos somos animales sociales. Reconocer las emociones, aceptarlas, aprender de ellas y entender que no hay emociones buenas ni malas, que todas son necesarias, es fundamental para gestionarlas y controlar nuestros comportamientos derivados de ellas.

Capítulo 12.
Sinestesia: pa' fliparlo en colores

Oler colores, colorear la música y las palabras…

Entre un 2 y un 4% de la población es sinestésica (aunque no se sabe muy bien, debido a que la mayoría lo son y lo desconocen) y experimenta una "mezcla" en sus sentidos, de forma que pueden, por ejemplo, ver sonidos u oler colores. Esto no lo hacen de forma aleatoria y suelen estar asociados dos o más sentidos. Es como si sus sentidos estuviesen conectados.

La sinestesia desafía la inefabilidad de este tipo de experiencias. Puede hacer que el dolor tenga diferente color en base al lugar del cuerpo donde aparece o producir experiencias de sabor, olor y sonido. También, durante el orgasmo, se han descrito experiencias de color y sabor.

Una de las sinestesias más conocidas es la sinestesia sonido-color, en la que la percepción de, por ejemplo, una melodía puede desencadenar la visualización de tonalidades rojizas. Un sinestésico puede asociar el número 5 con el color rojo, pero al mismo tiempo con una textura lisa o rugosa (asociaciones que sí tienden a repetirse entre sinestésicos).

Desde un cocinero que saborea las palabras hasta un ciego que ve colores al oír los números. Hay más de 60 tipos de sinestesia distintos: los hay que son capaces de ver formas geométricas de modo involuntario e, incluso, algunos pueden jugar con el espacio viendo filas de números interminables que les ayudan a realizar proezas matemáticas, como el británico Daniel Tammet que es capaz de recitar 22.500 decimales del número pi seguidamente.

La primera descripción de este fenómeno la realizó el doctor Georg Tobias Ludwig Sachs en 1812. Se da con más frecuencia entre los autistas. Algunos tipos de epilepsia y las drogas tipo LSD o setas alucinógenas provocan también percepciones sinestésicas. Aunque la sinestesia posee un fuerte componente hereditario -un 40% de los sinestésicos poseen un pariente directo con sinestesia- no se conocen los genes asociados. Se piensa que puede estar implicado en el cromosoma X, aunque no hay nada claro. Podría tener un origen poligénico, ya que encontramos intensidad gradual: hay individuos desde poco o nada sinestésicos hasta muy sinestésicos, con distintos tipos de sinestesia al mismo tiempo.

Existen estudios con sustancias alucinógenas en los que se aprecia que cualquier consumidor de dichas sustancias es capaz de vivir una experiencia sinestésica (con esta aseveración solo se comunica ciencia, no se incita ni se recomienda a nadie su consumo). Entonces, todos poseemos la capacidad de experimentar la sinestesia. Aunque la tengamos de manera latente y suprimida de algún modo, todos poseeríamos las bases neuronales necesarias para que esto ocurra.

Este es un fenómeno que hace algunos años casi nadie creía, ya que no se tomaban muy en serio los testimonios de los consumidores de alucinógenos en los años hippies. Pero hoy, gracias a las técnicas de neuroimagen, sabemos que esto es completamente real y que muchísimos artistas tienen sinestesia.

V.S. Ramachandran y E.M. Hubbard propusieron que la sinestesia pudiera deberse a un exceso de conexiones neuronales en el cerebro, debido a un error en la llamada "poda neuronal" que se da especialmente durante la adolescencia. Daphne Maurer, de la Universidad de Macmaster (Canadá), demuestra que todos los bebés de menos de cuatro meses de edad presentan un cerebro sinestésico o una fusión de los sentidos.

Esto se debe a que, a esa temprana edad, el cerebro todavía no ha realizado la especialización de las distintas áreas ante estímulos sensoriales y, al no acabar con ciertas uniones entre áreas adyacentes, el resultado podría ser una mezcla de sentidos. No es ni mucho menos una patología, ya que en la mayoría de casos es un "don" o una "experiencia sensorial añadida".

Los estudios estadísticos indican que el índice de sinestésicos dedicados al arte u otras actividades creativas es mucho mayor a la media, destacando otros sinestésicos famosos como Stevie Wonder, Pharrell Williams y Marilyn Monroe. Y la obra sinestésica de J.Balvin con su disco *COLORES* es un claro ejemplo de ello.

Sabemos que no es tan raro como se creía, pues probablemente todos seamos un poco sinestésicos. Día a día, todos lo demostramos con metáforas: amarillo chillón, fliparlo en colores, es de oro el silencio, la tarde es de cristales...

Capítulo 13.
¿Puede un hombre dar positivo en un test de embarazo?

Me declaro fan de los podcasts, me encantan. Mi favorito es *"Nadie sabe nada"* porque desconecto totalmente y me alegra el día, pero entre mis favoritos, está *"Aquí hay dragones"*. Me gusta porque todos los días aprendo algo nuevo.

El caso es que el otro día estaba escuchándolo tranquilamente, y Juan Gómez Jurado, uno de los colaboradores y autor de la famosísima trilogía de Reina Roja, estaba hablando sobre casos de atletas que habían dado positivo en la prueba antidoping y la excusa que habían puesto, mientras que el resto de miembros del equipo debían decidir si era cierta la excusa o no.

El dopaje, según el Comité Olímpico Internacional es la administración o uso, por parte de un atleta, de cualquier sustancia ajena al organismo u otras tomadas en cantidad anormal con la intención de aumentar de un modo artificial y deshonesto sus resultados en competiciones. Se suelen testar varias cosas, entre ellas la EPO y la nandrolona.

La nandrolona es un esteroide anabolizante muy utilizado en el mundo del culturismo. Juan comentaba que Dieter Baumman, atleta de pruebas de fondo, y medalla de oro en los 5000 metros de Barcelona, dio positivo ante esta sustancia, y su excusa fue que sus rivales le habían puesto nandrolona en la pasta de dientes.

Otra de las sustancias que hemos comentado es la EPO, o eritropoyetina. La EPO es una hormona compuesta de azúcares y proteínas, que participa en el proceso de síntesis de los glóbulos rojos. Esta hormona se libera por nuestro organismo en situaciones de hipoxia (no, la mascarilla no cuenta como hipoxia), como cuando los atletas entrenan en altura. La EPO también se libera cuando se produce una hemorragia, para asegurar que llega sangre a todos nuestros tejidos.

¿Para qué se dopan con EPO? Los deportistas que utilizan EPO lo hacen con el fin de aumentar los glóbulos rojos en sangre, y con ello la cantidad de oxígeno que va a nutrir a todo su cuerpo, especialmente a los músculos, aumentando el tiempo de rendimiento y disminuyendo la fatiga muscular y ritmo cardiaco.

Lo que solían hacer los deportistas antiguamente era entrenar en altura para producir la EPO de manera natural y sacarse sangre al terminar, obteniendo así la hormona, que introducían en su cuerpo de nuevo de cara a la competición. Desde hace unos años la EPO se produce de manera biotecnológica con fines sanitarios para el tratamiento de anemia y en algunos programas de predonación de sangre. En el programa contaban que Fatima Yvelain, corredora de fondo francesa, dio positivo por EPO tras una media maratón y su excusa fue que una lluvia durante la carreta había mojado su pantalón, introduciendo la sustancia al tracto urinario.

Pero, aunque parezca increíble, esto no fue lo que me llamó la atención. La historia que me hizo saltar de la cama fue la de Daniel J Cooper, jugador de la NBA, a quien le realizaron la prueba y no dio positivo en ninguna sustancia peligrosa, pero sí en presencia de gonadotropina coriónica humana (hCG). La hCG es una hormona que se produce durante el embarazo por el embrión, y posteriormente por el sincitiotrofoblasto (una parte de la placenta). ¡ESTABA EMBARAZADO! Esto le costó una sanción de dos años, al pensar que había cambiado su orina con la de su mujer.

Pero ¿y si os digo que los hombres pueden dar positivo en un test de embarazo? Pues sí, y este detalle se os había escapado, a vosotros y a los jueces que valoraron la prueba, ya que los hombres también pueden dar positivo en un test de embarazo.

¿Cómo es esto posible si la hCG es una hormona que produce el embrión durante el embarazo? Esto se debe a que dicha hormona también la produce el organismo masculino, en pequeñas dosis, para estimular el desarrollo de los testículos. Pero, si es a pequeñas dosis, no debería ser sensible ¿no? Efectivamente, y es que solo lo es cuando nos encontramos ante un tumor de testículos. Así que, aunque las pruebas parecían indicar que Daniel había cambiado su orina por la de su mujer embarazada, lo cierto es que podríamos encontrarnos ante un caso de tumor testicular.

Ojo, esto no significa que si un hombre da positivo en un test de embarazo tenga algún tipo de tumor testicular, aunque lo suyo sería acudir a un especialista para descartarlo. Al igual que un resultado negativo no indica la ausencia de tumor, ya que este test sólo es sensible a la beta-hCG. Aunque lo más probable es que Daniel hubiese cambiado la orina con su mujer, no podemos descartar la otra opción.

Capítulo 14.
La mano negra tras "la maldición de Tutankamón"

En noviembre de 1922, un mes después de su descubrimiento en el Valle de los Reyes de Luxor (Egipto) y en presencia de los mecenas de la excavación, se abrió el sarcófago de Tutankamón, el último faraón de la dinastía XVIII.

Poco tiempo después tuvieron lugar una serie de muertes de personas involucradas en la profanación de la tumba, lo que alentó las teorías más supersticiosas; pues, supuestamente, la momia del faraón se encontraba protegida por una maldición: *"la muerte extenderá sus alas sobre todo aquel que se atreva a entrar en la tumba sellada del faraón"*. Así lo afirmaba la novelista Marie Corelli, a quien muchos convirtieron en profeta.

Algunas de las muertes son la del aristócrata Lord Carnarvon, quien financió el proyecto, y su hermano; también Archibald Douglas Reid, quien radiografió la momia; y Arthur Mace, el arqueólogo que abrió la cámara. No fueron los únicos, pero quizás sí los personajes más relevantes sobre los que se posó la condena.

La ciencia ha realizado estudios a posteriori para ofrecer una posible explicación de los hechos. Y, una vez más, se ha sobrepuesto a las supersticiones y fanatismos de este tipo.

La explicación: el hongo *Aspergillus*. ¿Qué hacía este hongo en la cámara funeraria de Tutankamón? Las condiciones de humedad y temperatura son idóneas para albergar al microorganismo, pero ¿cómo vino a parar aquí? No es necesario ser un experto en egiptología para saber que, entre las costumbres de esta civilización, sepultar a sus reyes con sus riquezas era fundamental.

Así que el descubrimiento no fue únicamente del sarcófago, sino de miles de tesoros junto con él. Se sostiene que también los cereales formaban parte de estas colecciones. Y ya conoces el final.

Por si no lo sabías, el hongo Aspergillus puede encontrarse en cualquier parte, sobre todo en tu almohada; pero ¿qué tipo de problemas causa? Las manifestaciones clínicas pueden ser muy diversas: onicomicosis, alteraciones en las uñas; otomicosis, en los oídos; sinusitis; aspergilosis pulmonares invasivas o necrosantes crónicas, entre otras.

Lo más probable es que en la apertura de la tumba de Tutankamón, aquellos que murieron hubieran inhalado sus esporas (y no dispusieran de una buena salud). Por lo que la maldición que se cernía sobre ellos era, en realidad, un microorganismo longevo y oportunista, que suele aprovecharse de individuos con mecanismos de defensa comprometidos.

Ya sabes, no vuelvas a quejarte de por qué las almohadas del hospital son como de plástico. Si quieres una cómoda y llena de hongos, ya tienes la tuya.

Capítulo 15.
El caso de Phineas Gage

El 13 de septiembre de 1848, un obrero trabajaba en la construcción del ferrocarril Rutland & Burlington Railroad, cuando fue el protagonista de una historia sin precedentes que volvería locos a médicos y psicólogos, muchos años después.

El suceso ocurrió cuando Phineas Gage, un trabajador muy dedicado, amable y una persona "de bien", estaba colocando una barra de hierro y una carga explotó. La barra de hierro salió disparada y alcanzó a Gage, entrando por el pómulo izquierdo, por debajo del ojo, y saliendo por el centro de la cabeza.

La barra medía 1.10 metros, 3.2 centímetros de diámetro y pesaba 6 kilos. Después de la explosión, la barra llena de sangre y de cerebro, terminó a unos 30 metros del lugar del accidente, con Gage atravesado. Y este, no murió. Aquel día, el Doctor John Martyn Harlow curó a Gage de su herida y le trató durante unas semanas hasta que se recuperó y pudo regresar a casa.

Pero todo había cambiado. No por fuera, sino por dentro. Físicamente parecía recuperado, aunque su carácter había mutado. Empezó a ser una persona maleducada, irresponsable, vaga y dada al vicio. Siempre acompañado de la barra de hierro, ya que la usaba para exhibirse en espectáculos de circo.

Murió 12 años más tarde siendo justo todo lo contrario a lo que había sido en su vida inicial. La barra de hierro y el cráneo se depositaron en el Museo de la Facultad de Medicina de Harvard. Pero ¿qué es lo que pasó?

La barra destruyó aproximadamente el 4% de la corteza del lóbulo frontal izquierdo. Y, además, en su paso por el cerebro, la barra afectó al 10% de la sustancia blanca, que es la capa más interna del cerebro y contiene fibras, no cuerpos de neuronas, que conectan unas zonas del cerebro con otras.

Los autores sugieren que algunas zonas del cerebro, que no estaban afectadas directamente por la barra, pudieron fallar por la desaparición de la conexión con el resto, debido a la destrucción de sustancia blanca. Heridas como esta, en accidentes ocurridos en nuestros días, han alterado conductas en relación con el ánimo, la memoria, la planificación o las relaciones sociales.

Existen daños similares en la sustancia blanca en algunas demencias o en el Alzheimer. Pero entonces, ¿qué hace tan especial y macabro este caso?

El área que se lastimó Phineas Gage fue la corteza prefrontal del cerebro, un área implicada en la resolución de problemas, empatía, pensamiento complejo, control de impulso y la toma de decisiones. Nuestro cerebro es súper complejo. Si se lesiona un área, perdemos sus funciones asociadas.

No todas las regiones del cerebro maduran a la vez, de hecho, la corteza prefrontal es la que más tarde madura. Termina este proceso en la segunda veintena de nuestra vida, siendo esta zona la que Phineas tenía dañada. Este caso está considerado como una de las primeras pruebas científicas que sugieren que una lesión de los lóbulos frontales podría alterar aspectos de la personalidad, la emoción y la interacción social.

La historia de miedo, lamentablemente, no ha hecho más que comenzar. Años más tarde, se empezó a comprobar los efectos dañinos en el lóbulo frontal, y se concluyó que si se dañaba esta zona "anulamos la personalidad" y la gente se volvía "más mansa".

Así es como empezó el auge de las leucotomías. Cortes específicos en la corteza prefrontal para producir el amansamiento de la persona. Técnica muy usada y... actualmente utilizada en pacientes graves de psicosis.

Este experimento se volvió excesivamente popular, y un pseudomédico que quería llenarse los bolsillos, empezó a realizar esta técnica a diestro y siniestro sobre la población. En la mayoría de los casos, a gente que no lo necesitaba.

La historia fue tal, que creó un "LOBOTOMOBILE", un macabro bus con el que iba realizando estas operaciones frente a cualquiera que diera el menor síntoma de delirio mental. Hasta el punto de realizarlo para cualquier leve depresión. Fue suspendido de la medicina y, aun así, prosiguió con su actividad.

Esta es la historia de cómo una barra metálica atravesada en una cabeza generó una técnica mal utilizada para volver "manso" a pobres inocentes. Ten cuidado: si un día te separas demasiado de la realidad, la leucotomía te espera.

Capítulo 16.
¿Por qué los lagartos regeneran sus extremidades?

Probablemente muchos de los aquí presentes hayamos visto a lo largo de nuestra vida a una lagartija sin cola y nos hayamos hecho preguntas. Al igual que los pulpos o las estrellas de mar, los lagartos han evolucionado a lo largo de la historia para utilizar la regeneración de sus extremidades como auto defensa cuando son atacados por un depredador: a este proceso lo conocemos como "autotomía caudal".

Cuando el depredador aparece, los lagartos son capaces de hacer que su cola se desprenda para distraerle. Si tienen suerte, el depredador no será capaz de diferenciar entre el lagarto y la cola, que seguirá moviéndose, de manera que podrá escapar prácticamente ileso.

¿Cómo son capaces de desprenderse de sus colas? Básicamente, pueden hacerlo porque las células nerviosas, piel y sangre se lo permiten. Aunque la cola vuelve a crecer, el lagarto durante ese tiempo pierde una buena fuente de energía, ya que es un lugar donde almacena bastante grasa y nutrientes, así que, para regenerar una nueva cola, deberá emplear mucha más energía. El proceso de regeneración dura unas nueve semanas, en el cual el crecimiento se produce desde dentro hacia afuera.

Y, aunque las lagartijas no sean capaces de regenerar otras extremidades como una pata, si conocemos otros animales como las salamandras, que son capaces de regenerar miembros como dedos, patas, dientes… Pero ¿qué ocurre a nivel molecular?

Para el estudio, el grupo de Kusumi examinó de cerca aproximadamente 23.000 genes encontrados en muestras de colas cortadas de lagartos *Anolis carolinensis*. Encontraron que al menos 326 genes en puntos específicos a lo largo de cada cola se activaban durante la regeneración, lo que sugiere que el ADN de lagarto tiene una "receta" genética para ello.

Este hallazgo sorprendió al propio grupo, quienes esperaban que toda la regeneración se centrará en la punta de la nueva cola en crecimiento. Pero, en su lugar, las células se dividen en 7 bolsas distintas, incluyendo músculo, cartílago, médula espinal y piel, a lo largo de toda la cola.

Seguro que muchos de vosotros os habéis hecho algún corte en alguna ocasión. Este corte -dependiendo de la profundidad- puede afectar a los nervios y hacer que perdáis sensibilidad o movilidad, pero ¿por qué al final somos capaces de recuperar la movilidad o sensibilidad en esta extremidad, mientras que, cuando la lesión se produce en la médula espinal no es posible, si en ambos casos son nervios?

Como ya sabéis, existen varias diferencias entre el sistema nervioso periférico y el sistema nervioso central, pero en este caso nos interesa la diferencia presente entre las células responsables de la mielinización de las neuronas. La mielinización es un proceso que permite acelerar la transmisión del impulso nervioso, y las células responsables de llevarlo a cabo en el sistema nervioso periférico son las células de Schwann.

Cuando el corte se produce en el sistema nervioso periférico (es decir, en alguna extremidad), seccionando los nervios, lo primero que hace nuestro sistema inmune es eliminar los restos de nuestros nervios que se han quedado "descolgados" y la mielina que los recubre. Estos restos de mielina son detectados por las células de Schwann que se alinean formando una estructura tubular (banda de Bungner) que permite crear un entorno permisivo para la regeneración neuronal, favorecido por la liberación de factores de crecimiento que permiten el crecimiento de las neuronas hasta su destino final (reinervación).

Por otro lado, si recibimos un corte que afecta a los nervios en el sistema nervioso central (como puede ocurrir en un accidente grave), el daño puede afectar también a la barrera hematoencefálica que lo protege, y en el lugar de la lesión comienzan a liberarse moléculas que ayudan a la regeneración de las neuronas pero también favorecen la formación de una cicatriz glial, que es una barrera mecánica que impide el crecimiento de las neuronas dañadas, pero que también impide que la lesión inflamatoria se disperse a otras áreas y aumente su tamaño.

¿Podríamos usar lo aprendido en los lagartos para regenerar extremidades en humanos? Parece que, en la lesión medular, de momento aún nos queda mucho qué investigar. Pero, las conclusiones extraídas de los experimentos de transcriptómica con lagartos son muy prometedores para otras patologías como la artritis, ya que muchos de los genes que se sobreexpresan durante la regeneración de la cola son de cartílago.

Capítulo 17.
¿Qué tiene que ver la oreja de Van Gogh con la carne de hamburguesa?

En el año 2013 el grupo liderado por Mark Post, de la Universidad de Maastrich, sorprendía al mundo presentando a Frankengurger, la primera hamburguesa hecha con carne de un animal que no había sido sacrificado. ¿Cómo? ¿Cómo van a hacer hamburguesas de origen animal sin sacrificar al mismo? Pues es posible, y esta fue la primera hamburguesa de origen animal obtenida en un laboratorio.

Aunque las opiniones de quienes pudieron degustarla no fueron muy positivas y el coste de producción de la hamburguesa daba pánico (250.000 euros), los investigadores se mostraron muy seguros de la propuesta y de las perspectivas de futuro de la misma. Y razón no les faltaba, ya que solo 7 años más tarde ya se ha autorizado la venta y consumo de productos cárnicos procedentes de laboratorios en Singapur.

Todo comenzó a principios de los años 90 en los equipos de investigación espacial de la NASA, quienes buscaban encontrar la forma de alimentar a astronautas en misiones de larga duración, y cómo no, adelantarse a las posibles futuras colonizaciones espaciales. Aunque el coste en un principio era elevado, esto se debía básicamente a que, para que el proceso fuese rentable económicamente, debía ser escalable y realizarse en biorreactores muy grandes en los cuales producir reacciones a gran escala.

El método para cultivar carne en el laboratorio no difiere prácticamente del resto de métodos de cultivo celular. El proceso comienza con unas pocas células madre satélite que se obtienen mediante una pequeña muestra del animal vivo (el animal no sufre, ¡puntazo a favor!).

Estas células madre pueden convertirse en las diferentes células que se encuentran en el músculo, de manera que con solo una célula se podría, en teoría, cultivar carne de manera infinita. Estas células se mantienen y crecen en un medio rico en nutrientes. Cuando se tiene un número suficiente de células se les ayuda a formar fibras, de manera similar a como lo harían en un músculo normal.

Estas fibras están unidas a un andamio similar a una esponja que les aporta nutrientes y las estira mecánicamente para aumentar su tamaño y contenido de proteínas. El tejido resultante finalmente se recoge, se sazona y se procesa como carne deshuesada.

Pero esto no es tan fácil como puede parecer a simple vista. Y, si has trabajado en un laboratorio de cultivos celulares, te puedes imaginar los quebraderos de cabeza. Los cultivos, al tener tantos nutrientes para favorecer el crecimiento de las células, también son perfectos para el crecimiento de indeseables bacterias, así que hay que ser extremadamente cautos. Además, la división indefinida de las células puede causar problemas como mutaciones en las mismas y que pierdan sus características.

Por otro lado, también se trabaja en la fabricación de leche artificial o claras de huevo que no necesitan de gallinas. Simplemente, son fabricados mediante levaduras modificadas genéticamente para producir las proteínas que encontramos en la leche o los huevos, para posteriormente extraerlas, mezclarlas y obtener el producto final sin necesidad de usar animales.

Sin embargo, las críticas de los expertos gastronómicos no fueron muy destacables y aunque, comentaron que podía pasar por carne, la principal pega fue la textura, ya que cuando consumimos una hamburguesa no solo comemos músculo, sino muchas cosas más como grasas. Aun así, se está trabajando en ello para mejorar sus características.

Otro gran problema, como ya adelantábamos, es su elevado coste, y aunque ahora no llega ni de lejos a los 250.000€, se estima que las hamburguesas finales rondarán los 10€, por lo que podrían considerarse un artículo de lujo considerando la oferta que hay en grandes superficies.

A todo esto, debemos sumarle la posible reticencia por parte de la población a consumir estos productos conseguidos en un laboratorio, aunque debemos recordar que si las autoridades sanitarias y la Autoridad Europea de Seguridad Alimentaria lo autoriza es porque no supone ningún riesgo. De momento, en Europa deberemos esperar para poder empezar a consumirlo.

¿Los pros? La sostenibilidad. La OMS calcula que, debido al aumento de la población, la demanda de alimentos se duplicará en tan solo cuatro décadas, y parece que, tanto el consumo de productos cárnicos y/o derivados de los mismos, como el no consumo de los mismos, son insuficiente para satisfacer esta demanda, pues ambas implican consumo de recursos como espacio o agua.

La producción y consumo de productos cárnicos procedentes de laboratorios parece despuntar como la alternativa sostenible para el futuro de la población, además de poder ser el punto de unión entre los que prefieren comer carne y quienes prefieren alejarse de su consumo. Pero ¿qué tiene esto que ver con la oreja de Van Gogh?

Pues es que esto mismo que os hemos contado sobre cultivos celulares puede utilizarse junto a una de las herramientas más de moda, las impresoras 3D. Las impresoras 3D llegaron a nuestra vida como un cambio revolucionario, algo que nos permitiría diseñar y obtener resultados visuales de forma rápida y clara, pero ¿y si en lugar de tinta usamos células? ¿podríamos fabricar órganos?

La clave de esta aplicación de las impresoras 3D es que nos permite fabricar el objeto en capas muy finas, lo cual nos va a proporcionar una reconstrucción bastante fiable. En primer lugar, se escanea el objeto; a continuación, se reconstruye y deconstruye por capas 2D, y, finalmente, la impresora construye el modelo capa a capa hasta obtener una estructura 3D que replica el modelo inicial.

Veamos un ejemplo de la aplicación de la impresión de órganos 3D. Una persona ha perdido la oreja en un accidente: lo que necesitamos es que el médico haga una imagen médica (PET-MRI) y tomar datos morfológicos de la oreja (teóricamente en el futuro también se tendrá en cuenta la composición celular de cada parte de la oreja).

Con toda esta información se genera un modelo y el ordenador pasa la información a 2D haciendo "capas" de la oreja. Esta información se descarga en un fichero y se pasa a una impresora, con los materiales necesarios para reconstruir esa oreja funcional.

Idealmente, en un futuro, el cabezal debería tener, en lugar de tinta o materiales sintéticos, células y componentes de la matriz extracelular y, de esta forma, el ordenador iría indicando que tipo de celular sería el necesario en cada caso para reconstruir el órgano en 3D. Hoy en día se hace piel y cartílago en este tipo de impresoras 3D.

Aunque esta técnica está bastante avanzada y es muy prometedora, actualmente encontramos ciertas limitaciones. En estos dos ejemplos que se realizan hoy en día es técnicamente "sencillo", pero en otros órganos es más complejo de realizar, ya que muchas veces estos aparatos necesitan altas temperaturas para liberar la matriz necesaria, y es difícil mantener las células a la temperatura, humedad y oxígeno necesario.

Por otro lado, las imágenes médicas no tienen la resolución necesaria para saber qué tipo celular va en cada parte. Pero esta técnica ya tiene una aplicación en la que España es puntera.

Las impresoras 3D se están usando para crear modelos sintéticos y practicar las operaciones en el órgano del paciente antes de realizar la operación real y evitar sorpresas o pérdidas de tiempo. Esta aplicación es puntera especialmente en el Hospital Virgen del Rocío de Sevilla, que lleva más de 10 años empleándolo, especialmente en modelos de corazón para planificar cirugías en niños con malformaciones congénitas severas. En el Virgen del Rocío se imprimen todo tipo de órganos: cráneos, mandíbulas, pelvis, peronés, o incluso hígados y tumores.

Esta tecnología permite, además, crear moldes de orejas que se pueden implantar, partes óseas como prótesis, válvulas o incluso moldes de partes de venas y arterias para implantarlas tras una deficiencia cardiovascular, que tienen una viabilidad muy buena y son biodegradables. La impresión 3D en clínica también sirve para organoides (tejidos muy simples con células del propio paciente) para estudiar el efecto de fármacos o posibles tratamientos.

Y así es como, si Van Gogh tuviese una máquina del tiempo, podría recuperar su famosa oreja.

Capítulo 18.
¿Usamos solamente el 10% de nuestro cerebro?

Corría el año 2014. Viernes noche. Fui al cine a ver una película de reciente estreno. Una Scarlett Johansson cargada de superpoderes hacía barbaridades con su propio cuerpo, y controlaba también los cuerpos y mentes del resto. No recuerdo mucho más.

Al fin y al cabo, este tipo de pelis no suelen reventar las taquillas por su trama. Pero sí recuerdo que se titulaba "Lucy" y que, en algún momento, aparecía por allí un Morgan Freeman, encarnado en un doctor de renombre, recitando la frase más atractiva del guion: *"Se dice que solo usamos el 10% de nuestra capacidad cerebral, pero ¿y si hubiera una forma de acceder al 100% de nuestro cerebro? ¿De qué seríamos capaces?"*

Y se daba a entender que seríamos capaces de montar un show de patadas y tiroteos como el que protagoniza esta célebre actriz, claro. Al poco tiempo de lanzar el largometraje, Nature Neuroscience publicó un artículo en el que reflexionaba no solo sobre este mito en particular, sino sobre cómo, en general, la ciencia ficción ha recurrido siempre a "datos científicos" (atractivos, aunque falsos) cuando podrían haberse producido verdaderas joyas cinematográficas con datos reales.

Tampoco es el objetivo de este capítulo cuestionar si una obra artística ha de basarse o no en la evidencia científica, pero sí lo es desmentir cualquier idea errónea que uno pueda llevarse a casa al salir del cine, como probablemente me pasó a mí aquel viernes. Conste en acta que es un mito que solo utilizamos el 10% de nuestro cerebro y queremos explicaros el por qué.

Es cierto que en un mismo instante no están activas todas las regiones del cerebro, pero las técnicas de imagen han demostrado que a lo largo del día sí se detecta actividad en la totalidad de este. De hecho, algo tan simple como cerrar un puño ya requiere más de una décima parte del cerebro. Así se ha podido comprobar mediante resonancia magnética funcional.

Y sí, por si te han surgido dudas, áreas como la corteza frontal, que se asocia a la conciencia de uno mismo, y las áreas somatosensoriales, que perciben el entorno, están activas también durante la noche. Es más, ya no es que una persona en plenas facultades utilice el 100% del cerebro, sino que incluso aquellas que sufren trastornos neurodegenerativos como la enfermedad de Alzheimer y la enfermedad de Parkinson utilizan más de ese 10% artificial.

Además, desde el punto de vista evolutivo, ¿cuál es el sentido de desarrollar un órgano de este tamaño si no se utiliza?

Al parecer, se ha informado acerca de algunos pacientes con hidrocefalia que tenían muy poco tejido cerebral y, sin embargo, podían vivir con ello (o sin ello, depende de cómo se mire). Este caso extraordinario no implica que el resto de personas que no sufren hidrocefalia dispongan de más tejido "inútil", sino que determinadas personas se han adaptado a circunstancias únicas.

En definitiva:

- No usas solo el 10% de tu cerebro, sino la totalidad de este.

- Lo diferencia entre un cerebro que no ha estudiado para el examen y un cerebro que sí lo ha hecho no es el porcentaje que se usa del cerebro, sino las conexiones interneuronales que se han establecido.

- El caso de la hidrocefalia no justiflica este mito.

Capítulo 19.
Pan de centeno: está que alucinas

Tanto en buena parte de la historia como en la actualidad, un gran número de personas acompañaron sus comidas con un pan realizado con harina de centeno, un cereal mucho más económico y fácil de obtener que el trigo, sobre todo en tiempos de escasez. Aunque, en la actualidad, se consume principalmente por sus beneficios para la salud, sus carbohidratos de absorción lenta y su mayor contenido en calcio, hierro y vitamina E.

Este pan tiene un aspecto muy oscuro, por lo que se le denomina "pan negro". A su vez, debido a que era el pan menos sabroso y por tanto el que consumía los que tenían una mayor escasez, se le denominó el "pan de los pobres" (dato curioso, ya que ahora presenta un precio bastante más alto que el pan de trigo).

Este pan tenía las ventajas de que, una vez horneado, duraba muchísimo más tiempo tierno, pero, entre sus inconvenientes, está su sabor, bastante peor que el de otro tipo de panes. Esto es debido a que contiene menos gluten que el trigo, por lo que el proceso de panificación es bastante inferior, ya que el gluten es una proteína que aporta "elasticidad" y "esponjosidad" al pan.

Pero esa no fue la única desventaja que ofrecía el pan de centeno, ya que dicho cereal era propenso a ser dañado por un curioso hongo llamado *Claviceps purpurea*, que recibe el nombre de cornezuelo de centeno y que crece sobre diversos granos y cereales. Este hongo provocaba efectos psicodélicos a quienes lo consumían. Entre las múltiples consecuencias que tenía al ser ingerido, generaba convulsiones, dolor abdominal, ennegrecimiento de las extremidades y todo tipo de alucinaciones que dan para más de una película.

Las esporas del hongo son transportadas por el viento o insectos hacia los ovarios del centeno joven. Posteriormente, germinan y se forman las hifas. A medida que estas penetran, se forma un tejido denso que poco a poco consume el grano. Después se hace duro formando un cuerpo curvado de color morado que se conoce como cornezuelo.

Este suceso era muy común y la muerte cundió durante siglos debido a la contaminación de los granos comestibles por este hongo parásito, que resultaba ser muy venenoso. Y es que una de las sustancias presentes en el cornezuelo era la ergotamina, un alcaloide a partir del cual se puede obtener la dietilamida de ácido lisérgico, el alucinógeno comúnmente conocido como LSD, una de las drogas psicodélicas más famosas que existen.

Los alcaloides de *Claviceps* son el primer grupo de fármacos de bloqueo adrenérgico que se descubrieron. Estas sustancias del cornezuelo manifiestan una variedad compleja de propiedades farmacológicas descritas en estudios clásicos. En grados variables, los agentes mencionados actúan como agonistas o antagonistas parciales a nivel de receptores α, receptores dopamínicos y de serotonina.

Numerosas familias enteras durante la Edad Media se intoxicaron y enfermaron por culpa de haber consumido pan hecho con harina de centeno contaminada por el cornezuelo. En muchos casos produciendo tragedias que dieron lugar a películas muy famosas. En los primeros años del siglo pasado, quedaron establecidos los procesos de aislamiento e identificación química de los primeros principios activos de este hongo. Spoiler: ahora viene historia de España.

Este hongo provocó que muchas mujeres fuesen señaladas de estar poseídas o de practicar la brujería. Incluso hay quien sostiene que las mujeres acusadas en el famoso caso del juicio de las brujas de Salem, que tuvo lugar en Massachusetts a finales del siglo XVII, se debió muy probablemente a la ingesta del mencionado hongo. Pero ahora viene lo fuerte: en 1808, el médico John Stearns envió una carta al Medical Repository de Nueva York, con el título "Pulvis parturiens, un remedio para acelerar el parto", donde declaraba que dicho hongo acelera el parto y ahorra mucho tiempo. Y esa fue la introducción oficial del cornezuelo en la medicina.

Ligada a la historia del cornezuelo, el LSD sentó las bases de la industria farmacéutica gallega. Este hongo, además de efectos alucinógenos, es usado para facilitar partos. Muchas abuelas de Galicia han traficado con LSD, ya que lo vendían con uso medicinal para la obstetricia. Este es el cornezuelo del centeno, un hongo que nace en esta y en otras gramíneas y que provoca efectos alucinógenos, prácticamente abortos, funciona como anticoagulante y que está muy presente en la cultura popular, especialmente en Galicia.

El cornezuelo estuvo también en la base del nacimiento de la industria farmacéutica gallega, pues en los años 30 y 40 la empresa Zeltia empezó a experimentar con sus alcaloides, dando lugar a unos inyectables llamados Pan Ergot, que se les administraban a las mujeres que acababan de parir para evitar las hemorragias.

Su importancia para la farmacología era tal que, en los años 50, en un momento en que escaseaba a nivel mundial, llegó a existir una fiebre del cornezuelo en Galicia, con precios muy elevados y la exportación de grandes cantidades. De hecho, hubo quien denominó al cornezuelo el volframio vegetal, por la importancia económica que en esos años tuvo para determinadas zonas rurales gallegas, al igual que la había tenido la extracción de ese mineral durante la Segunda Guerra Mundial.

Capítulo 20.
Tu cara no me suena

"Mucha gente me odia porque creen que les estoy faltando el respeto. Me tomé un año en el que pensé: "este año, sólo voy a responder y decirle a la gente: Está bien, ¿dónde nos conocimos?" Pero simplemente empeoró. La gente se ofendió más. De vez en cuando, alguien me pone en contexto y digo: "Gracias por ayudarme". Pero cabreo a más gente. Te lo tomas como "estás siendo egoísta. Estás siendo engreído". Pero es un misterio para mí. Simplemente, no puedo recordar una cara".

¿Te suena este extracto de la revista Esquire del 2013? ¿No? ¿Aún no sabes de quién te hablo?

Este que habla es Brad Pitt y padece una enfermedad llamada PROSOPAGNOSIA.

Para los que os guste descomponer las palabras como a mí, este término deriva del griego clásico prosopon que significa "cara" y de agnosia que significa "desconocimiento". Y, es que, a esta patología también se le conoce como "la ceguera de los rostros".

Este término fue acuñado por el neurólogo alemán Joachim Bodamer en 1947 al documentar el caso de un soldado que, tras sufrir una herida de bala en la cabeza, perdió la capacidad de reconocer a sus familiares y amigos por su rostro, pero no por la voz. "Es la interrupción selectiva de la percepción de rostros, tanto del propio como del de los demás. Pueden ser vistos, pero no reconocidos como propios de una determinada persona", fue la definición del médico alemán.

Pero ¿quieres saber la base neurobiológica de este trastorno? La prosopagnosia no sólo es la incapacidad de reconocer rostros familiares previamente conocidos, sino que también imposibilita el aprendizaje y recuerdo de caras vistas por primera vez.

Te explico, existen dos tipos de prosopagnosia: la adquirida y la desarrollada.

La adquirida aparece como consecuencia de un daño cerebral. Puede surgir por un traumatismo (como hemos visto con el soldado del post anterior), un ictus, encefalitis, tumores o atrofia degenerativa. La literatura apunta a que las lesiones cerebrales en este tipo de prosopagnosia son bilaterales o están limitadas al hemisferio cerebral derecho y esto es consistente con la evidencia de que el procesamiento facial induce una mayor activación del hemisferio derecho y no tanto del izquierdo.

Por si te gusta la neuroanato, las áreas involucradas son la corteza occipito-temporal y fusiforme ventral o la corteza temporal anterior o ambas.

En la desarrollada no existen lesiones cerebrales orgánicas visibles. Sin embargo, se ha postulado que existen alteraciones en las regiones del network facial (procesamiento facial). En particular, en la circunvolución fusiforme. Cambios como: la reducción del grosor cortical, anomalías locales de la sustancia blanca o desconexión entre las regiones posteriores y anteriores dentro de las áreas de reconocimiento facial.

¿Cómo se diagnostica esta enfermedad? Pues la verdad es que no es nada sencillo y se basa, sobre todo, en tests con imágenes.

Existen los de familiaridad facial como el Cambridge Face Memory Test en el que se muestran fotos de personas no conocidas por el paciente y se estudia si éste es capaz de reconocer una cara si sale repetida durante el test. Otros, son los tests de percepción facial en los que se estudia la habilidad del paciente para percibir diferencias anatómicas entre rostros.

Pero ¿cómo repercute este trastorno en la vida de Brad?

Imagina solo por un segundo como debe ser encontrarte con tus amigos de toda la vida y no poder reconocer a ninguno. Frustrante, ¿eh?

Pues eso. Los pacientes que sufren prosopagnosia refieren que el no poder reconocer a las personas por su cara les crea experiencias sociales traumáticas que desembocan, al final, en ansiedad, depresión, sentimiento de culpa, vergüenza y aislamiento social.

"Es muy duro. Puede ser agotador física y emocionalmente pasar un día en público preguntándome constantemente si debería haber hablado con alguien" nos cuenta nuestro Brad en la entrevista.

Y es que, lo siento chicos, pero no existe tratamiento para esta enfermedad actualmente. Los pacientes se acostumbran a vivir con ello y adoptan "truquitos" para poder recordar algunas caras. Por ejemplo, se fijan mucho en el peinado, características faciales diferentes como piercings, tatuajes, cicatrices... es decir, cosas distintivas que les den alguna pista cuando vuelvan a ver a dicha persona.

Así que, chicos, si alguna vez os cruzáis con Brad Pitt y no os saluda puede ser que sea porque jamás te había visto antes (sería mi caso) o porque no te reconoce. En cualquier caso, jamás lo sabréis...

Capítulo 21.
¿Por qué los animales de agua dulce desaparecen a un ritmo mayor que los animales terrestres y los marinos?

Bioacumulación: El coste en salud y biodiversidad de nuestros residuos.

En salud existe un triángulo que conecta la salud ambiental, la salud humana y la salud animal entre sí. Esta concepción de la salud se conoce como ONE HEALTH y en los últimos años está cobrando protagonismo a nivel global, por la necesidad de valorar toda consecuencia en función de factores de cualquier naturaleza.

De esta manera, la alteración del bienestar de cualquier especie se convierte en predisposición a la enfermedad en esa especie, directamente, y en el resto de las especies con las que se relaciona, indirectamente. Los expertos afirman que los animales de agua dulce están desapareciendo más deprisa que los terrestres o los marinos; en concreto, aquellos que habitan las desembocaduras de los ríos.

La contaminación está provocando una reducción del tamaño de las poblaciones de peces. Con la disminución de éstas, se produce un aumento en las de insectos, que, como hemos comentado en anteriores capítulos, pueden ser vectores de enfermedades infecciosas como la malaria o el dengue.

Aunque no siempre se mire con buenos ojos, los programas de cría en cautividad parecen ofrecer una solución a este problema. Cuando hablamos de contaminación a nivel fluvial, nos referimos sobre todo a la contaminación con fármacos: antibióticos, analgésicos, antidepresivos, antiinflamatorios... Esta contaminación se debe principalmente a la orina.

Se ha observado que en algunos ríos los niveles de anticonceptivos pueden llegar a ser más altos que los niveles en sangre. Estos, en concreto, tienen un efecto en la reproducción de los peces: feminización de los machos, hinchazón de los lóbulos espermáticos y muerte de células germinales (esterilización), entre otros.

Pero quizás lo más grave no es la contaminación en sí, sino que la legislación europea todavía no ha propuesto la regulación, por ejemplo, de fármacos anticonceptivos; por tanto, las depuradoras no disponen de sistemas para eliminarlos del agua. Esta agua de la que no se consiguen eliminar los residuos se usa para regar los cultivos que acaban llegando al consumo humano y al ganado.

Además de los fármacos, hay otras sustancias o elementos que tienen peores efectos, persistiendo en el medio y acumulándose. Así, poco a poco, encuentran su lugar en la cadena trófica y van sumándose hasta alcanzar niveles muy tóxicos.

Uno de los ejemplos más conocidos es el del metilmercurio (CH_3Hg), que se acumula en algunos peces que, posteriormente, se destinan a consumo humano, como el atún o el pez espada. Una concentración elevada de esta sustancia puede causar daños neurológicos en los fetos de madres gestantes, principalmente en los primeros estadios del embarazo.

Este es el motivo por el que se aconseja a las mujeres embarazadas no consumir pescado durante las primeras semanas, puesto que el feto es más sensible en ese momento. No está de más saber que el metilmercurio también puede tener efectos negativos sobre la fertilidad.

Otro ejemplo, menos popular, es el del plomo de los perdigones de caza. Estos perdigones pueden atravesar la carne del animal y dejar residuos al entrar en contacto con la misma. La carne de caza sirve de alimento, por lo que en la mayoría de los casos la carne contaminada pasará por un proceso de cocción en el que la biodisponibilidad del metal aumentará con la temperatura; y si, además, se usan productos ácidos como el vinagre, la biodisponibilidad se dispara.

Y, ¿qué ocurre con los perdigones que no alcanzan al animal? Pueden permanecer en tierra y ser ingeridos accidentalmente por otro animal. Los animales que han ingerido perdigones tienen niveles aún más altos de plomo.

Hasta ahora hemos visto de qué forma los fármacos y otros elementos como el mercurio y el plomo afectan al ambiente, a los animales y de vuelta a nosotros mismos. Pero existen muchísimos más tipos de contaminantes.

Los ftalatos son compuestos que aportan flexibilidad y transparencia a los materiales, generalmente a los plásticos; y estos junto con los protectores UV, los perfluorinados, los retardantes de llama y el gasóleo también son sustancias que pueden tener efectos sobre la fertilidad.

Y, ¿cómo podemos saber en qué medios y en qué concentraciones se encuentran estos contaminantes? La metodología varía en función de aquella sustancia o elemento que se busca. La biotecnología tiene un importante papel en el desarrollo de biosensores para la detección de cualquier analito, por pequeña que sea la cantidad en que se encuentra.

Pero, además de los sensores que podamos construir nosotros, hay indicadores en la naturaleza a partir de los que se pueden hacer distintas mediciones. Un buen indicador son las aves rapaces. Están al final de la cadena trófica y se han realizado estudios en los que se analizan sus plumas en busca de compuestos bioacumulables.

Tal como hemos visto, hay evidencia de que existe una relación entre la salud ambiental, la salud humana y la salud animal. Pero, por más que se demuestre, nuestras propuestas preventivas han sucedido siempre mucho más tarde que las consecuencias que provocan nuestros actos, consecuencias que son negativas para otras especies y para la nuestra.

Capítulo 22.
Palinología para luchar contra el fraude y las alergias

Antes de preguntarnos por qué el polen es un alimento muy completo, tenemos que saber qué es el polen. Los granos de polen son las células sexuales masculinas de las plantas con flores. Se forman en los estambres y, cuando están listos para acometer su objetivo, son liberados al entorno: el propósito de la planta no es otro que reproducirse.

Normalmente el polen viaja en busca de otros individuos diferentes a la planta de la que procede, proceso que se conoce como polinización; aunque es cierto que algunas plantas eligen autopolinizarse, decisión que varía en función de la especie y de las condiciones ambientales. De cualquier modo, esta estrategia es mucho menos eficiente que el cruce con otros individuos, ya que no incrementa la variabilidad genética.

La polinización puede ocurrir de distintas formas. Entre ellas, polinización anemófila (con el viento) y entomófila (con insectos). Este proceso hace que los granos sean resistentes a condiciones adversas como la sequía o la temperatura.

Y, ¿cómo ganan esa resistencia? El grano que contiene el gameto masculino está constituido por una pared de esporopolenina, politerpeno impermeable resistente a agentes químicos.

Sabiendo que un grano tiene que soportar presiones exteriores de muchos tipos y que ha de incluir todos los elementos necesarios para generar un nuevo individuo, no es de extrañar que contenga en su interior gran cantidad de proteínas, carbohidratos, vitaminas y aminoácidos esenciales y no esenciales que convierten al polen en un alimento de características únicas.

La ciencia que se ocupa del estudio del polen recibe el nombre de palinología. Se trata de una disciplina con aplicaciones a muy distintos niveles. Por un lado, la melisopalinología permite describir los diferentes tipos de miel, establecer denominaciones de origen, ajustar precios en función de la composición de cada producto y evitar fraudes.

Por desgracia, la estafa está muy presente en el día a día (sobre todo en alimentación) y la ciencia ha de usarse para hacerle frente. Además, los estudios analíticos de miel, propóleos y polen han permitido crear una palinoteca que arroja luz sobre los procesos de polinización y las características de los insectos polinizadores.

Por otro lado, la aeropalinología, o simplemente aerobiología, tiene por objetivo clasificar y cuantificar la concentración de polen en el aire en función de las condiciones meteorológicas, para prevenir alergias, entre otras cosas. Así pues, aunque se hable poco de ellos, en las universidades hay equipos de investigación que se dedican a esta línea y han creado redes aerobiológicas: han distribuido captadores en las regiones de forma que podemos conocer el tipo y concentración del polen el país e incluso predecir las alergias que van a tener lugar.

Pero, no son éstas las dos únicas aplicaciones de la palinología ni los investigadores científicos son los únicos interesados en el polen. Aunque resulte extraño, los magnates del petróleo están muy interesados en la palinología.

La paleopalinología podría definirse como la rama de la palinología que estudia la historia de la vegetación. Como hemos comentado en otro post, el polen dispone de mecanismos de defensa frente a condiciones extremas. Por tanto, un estudio del polen en una determinada región podría dar información sobre las plantas que en algún momento pudieron haber habitado esa región.

Pero, en realidad, la paleopalinología no nació con ese objetivo, sino con otro de fines totalmente económicos. Esta rama constituye una herramienta de suma utilidad para el entendimiento de los procesos que llevan a la generación de hidrocarburos. Así, las petroleras pueden tomar la decisión de hacer extracciones profundas en función del polen analizado en la estratigrafía de la zona donde se encuentre la bolsa de petróleo.

En definitiva, la palinología tiene muchas y muy diversas utilidades y el polen es un elemento con un gran potencial, aunque, a veces, nuestro conocimiento sobre él no pase de las reacciones alérgicas que algunos de los granos puedan producir.

Capítulo 23.
Cómo usar el método científico para desmontar una pseudoterapia

Según los expertos, el Reiki se define como una forma de medicina alternativa que actúa directamente en la raíz del problema físico y emocional para cambiarlo y sanarlo, en la cual el cuerpo humano emite una energía magnética que se puede sentir a través de las manos del practicante y permite detectar alteraciones que se corresponden a enfermedades.

Pero ¿el Reiki funciona? Esto fue lo que Emily Rose se preguntó tras ver un documental de una de las mayores expertas de Reiki de Estados Unidos, Dolores Krieger, quién aseguraba que había formado en Reiki a más de 47.000 personas y que era capaz de sentir el campo magnético de sus pacientes. Emily Rose aprovechó ese año su feria de ciencia para probar si el Reiki funcionaba o no, y para ello utilizó el método científico.

Todos, sin excepción, hemos estudiado en el colegio o instituto el método científico. El método científico va desde lo particular a lo general y su propósito es la verificación, es decir, generar un conocimiento que es válido hasta que se pruebe lo contrario. Las fases del método científico son: observar, plantear preguntas, generar hipótesis, experimentar, analizar y concluir.

Así fue como Emily organizó su experimento para la feria de ciencia. La metodología era muy simple, el voluntario estaba separado de Emily Rose por un cartón que impedía que se vieran, y en el que sólo había dos orificios para que el voluntario pasara ambas manos. Emily, al otro lado del cartón, decidía aleatoriamente (lanzando una moneda) sobre qué mano del voluntario colocaba su propia mano. El voluntario entonces debía ser capaz de detectar por el campo magnético sobre cuál de sus manos -izquierda o derecha- había colocado Emily su mano.

Pero el experimento no se quedó solo aquí. En 1996 y 1997 Emily replicó el experimento, pero utilizando esta vez como voluntarios a expertos sobre Reiki. Los resultados de estos experimentos no dejaron indiferentes a nadie: los expertos sólo fueron capaces de acertar sobre qué mano había colocado Emily la suya en un 44% de los casos, lo cual se traduce en tener peor probabilidad de acierto que el azar.

La conclusión del experimento fue, por tanto, que los expertos de Reiki son incapaces de detectar el campo magnético de Emily, la investigadora, y, por consiguiente, que el Reiki no tiene evidencias científicas que lo sustenten. Las pseudoterapias son terapias que no tienen fundamento científico, pudiendo concluir así que el Reiki es una de ellas: si funciona es por azar y es, por tanto, un fraude.

En 1998, Emily Rose, con tan solo 11 años y con la ayuda de sus padres, publicó el artículo de su investigación en Journal of American Medical Association, una de las revistas científicas más prestigiosas del mundo, convirtiéndose en la persona más joven en publicar un estudio en la revista, y la autora más joven en publicar en una revista científica por el Libro Guinness de los Records (1999).

Como hemos dicho antes, el método científico genera conocimientos que son válidos hasta que se demuestre lo contrario. Hoy en día no se ha conseguido publicar ningún estudio que demuestre que el Reiki funciona, aunque, lamentablemente, como muchas otras pseudoterapias (como la homeopatía), se sigue practicando.

Cada día son más los científicos y expertos que luchan para prohibir el uso de estas pseudoterapias que, aunque parecen inofensivas, pueden ser muy perjudiciales, dado que pueden desplazar y atrasar a las terapias verdaderamente efectivas para el tratamiento de determinadas enfermedades.

Capítulo 24.
Biohackers, la primera serie almacenada en ADN

En 1987 el grupo de Ishino describió por primera vez la presencia de unas secuencias repetidas inusuales en E. coli separadas por secuencias no repetidas en un patrón prácticamente palindrómico, y las nombró "secuencias curiosas".

En la década de los 90, el español Francis Mojica publicaba un descubrimiento que no dejaría a nadie indiferente: había descubierto unas regiones en el genoma *Haloferax mediterraneii* y *Haloarcula archaea* propias de las salinas de Alicante, que se repetían muchas veces. Se desconocía su función, pero pronto las identificó en más del 40% de las bacterias y del 90% de las arqueas, a las que finalmente bautizó con el nombre CRISPR (Clustered Regularly Interspaced Short Palindromic Repeats).

Estas secuencias resultaron ser más tarde un sistema de inmunidad adaptativa, un sistema de defensa mediante el cual las bacterias son capaces de almacenar dentro de su propio genoma secuencias del genoma de virus que las atacan, de manera que, si en el futuro fueran atacadas nuevamente por estos virus, podrían reconocerlos rápidamente y eliminarlos mediante el uso de una proteína llamada Cas9. Hay varios tipos de sistemas Crispr, pero solo queremos dar pinceladas sobre el tema.

Este descubrimiento, que a priori puede parecer un simple dato interesante, se convirtió en 2012, de la mano de Emmanuelle Charpentier y Jennifer Doudna, en una de las herramientas de edición genética más poderosas de la actualidad. CRISPR nos permite modificar el genoma de una manera más precisa y barata que cualquier método utilizado anteriormente, y su potencial para eliminar "fallos" genéticos en embriones humanos lo ha convertido en uno de los métodos más conocidos hoy en día.

Atención, porque cada año se postula a Mojica, a Emmanuele y a Jennifer como posibles candidatos del Nobel, lo cual supondría nuestro tercer premio Nobel en Medicina. ¿Creéis que lo logrará? Pero ¿cómo funciona esta técnica?

Como bien sabemos, toda la información de un ser vivo está almacenada en su genoma. Sí, cada una de tus células contiene TODA tu información genética. Las células de tu corazón y de tus ojos son exactamente las mismas, sólo cambia lo que se expresa en cada una de ellas. Si toda esta información cabe en nuestro ADN en un espacio tan pequeño, no es sorprendente que se considere al ADN como el disco duro del futuro, ya que un gramo de ADN tiene la capacidad de almacenar cerca de dos petabytes de datos.

En 2017, científicos de Harvard consiguieron mediante el uso de Crispr/Cas9 introducir en el genoma de bacterias un GIF. Sí, estás leyendo bien, un gif. Codificaron imágenes sustituyendo píxeles por nucleótidos de ADN que quedaron integrados en el genoma bacteriano.

Posteriormente, este genoma, al ser secuenciado, volvía a reproducir la imagen con un 90% de resolución.

En 2020, Netflix lanzaba la serie "Biohackers", un thriller sobre biotecnología e ingeniería genética que es la primera serie original de Netflix almacenada en ADN. ¿Cómo lo hacen? Primero convierten la serie en código binario (1 y 0) que posteriormente pasa a código de ADN (4 bases: Adenina, Guanina, Citosina y Timina, o la combinación de estas).

A continuación, se generan las secuencias de ADN a partir de este código, con una longitud aproximada de 150 bases. Estas secuencias se incrustan en perlas de vidrio de tamaño nanométrico y se añaden a una especie de gel que se introduce en las bacterias.

El futuro ya está aquí, y esto es solo un ejemplo de por qué la investigación básica (analizar secuencias de microorgansimos de salinas de Alicante) es necesaria, ya que nos ayuda a conocer lo que nos rodea y posteriormente puede tener grandes aplicaciones (como eliminar genes que predisponen a padecer un tipo determinado de cáncer o para almacenar y disfrutar de series de televisión).

Capítulo 25.
Estímulos positivos para modificar la conducta: el reforzamiento intermitente

Los que tengáis un perro como mascota seguro que sabéis que la mejor forma de que aprendan trucos básicos, como sentarse o dar la patita, es ofrecerle un premio cada vez que realice correctamente la acción. Y los seres humanos, como animales que somos (algunos más que otros) no íbamos a ser menos: aprendemos mejor con recompensas.

Esto que parece tan obvio, fue planteado y comprobado experimentalmente por Brhus Frederic Skinner, quién, con su Teoría de Reforzamiento, intentó explicar la conducta humana como respuesta. Los estímulos reforzadores pueden ser tanto negativos como positivos y ambos tienen la misma finalidad: modificar la conducta.

Los reforzadores positivos son todos aquellos que aparecen como consecuencia de una conducta beneficiosa. Ojo, no tienen por qué ser siempre reforzadores externos: un reforzamiento positivo también es comer cuando se tiene hambre. Por otro lado, los reforzadores negativos, al contrario de lo que puede parecer, no son castigos o estímulos aversivos, sino lo contrario: es eliminar algo que sea considerado negativo.

Tal y como comentábamos, Skinner intentó explicar la conducta humana como respuesta. Su experimento más conocido es la "Caja de Skinner", una caja muy sencilla con básicamente tres elementos:

- Un dispensador de comida.
- Una palanca que, al pulsarla, ofreciera la recompensa en forma de comida.
- Un tipo de señal que indica cuando pulsar la palanca.

Y, dentro de la caja, un animal, normalmente una rata, una paloma o un mono.

Al principio, cada vez que el animal pulsaba la palanca éste obtenía la recompensa en forma de alimento. Observó que los animales lo hacían hasta saciarse, pero después paraban, es decir, el comportamiento no perduraba y se extinguía rápido. Lo siguiente que probó fue ofrecer la recompensa cada determinado tiempo o número de pulsaciones, y en ambos casos se observaba que, aunque el comportamiento no duraba mucho, los animales pulsaban más veces la palanca.

Finalmente empezó a ofrecer la recompensa de forma variable, es decir, aunque se encendiese la luz y el animal pulsase la palanca podía o no caer comida, o caer comida sin necesidad de que se encendiese la luz o de pulsar la palanca. Lo que observó en este caso fue que los animales no paraban de pulsar la palanca, es decir, el comportamiento se volvía muy difícil de extinguir: se trata de un sistema de reforzamiento intermitente.

Con este experimento probó que los animales son capaces de volverse adictos a un sistema de recompensa variable, en el que no sabes si vas a obtener la recompensa o no, pero ¿qué pasa con los humanos? Vamos a hacer un ejercicio: ¿qué máquina conocéis, a la que estemos expuestos los seres humanos, que contenga estos tres elementos también? Luces, una palanca y una recompensa….

Exacto, probablemente todos estéis pensando en las máquinas tragaperras, y es que básicamente funcionan como una caja de Skinner: Una recompensa intermitente (dinero), que si a alguien le ha caído alguna vez a ti también te puede tocar (y si dejas de pulsar la palanca puede venir otra persona y obtener ella la recompensa), una palanca, y luces que te indican cuando accionar la palanca. Todos sabemos que el uso de estas máquinas genera más pérdidas de dinero que ganancias, pero ¿por qué sigue usándolas la gente?

La solución como siempre la tiene la neurociencia, hablando de nuestra buena amiga la dopamina. Robert Sapolsky fue el encargado de encontrar una "justificación" biológica a lo que Skinner había descrito. Para ello utilizó un mono entrenado para que, al ver una señal pulsase 10 veces un botón que le ofrecía una recompensa en forma de alimento, al cual medía los niveles de dopamina en el cerebro a lo largo de todo el experimento.

Para su sorpresa, observó que los niveles de dopamina se elevaban antes de llevar a cabo la acción, es decir, cuando observa la señal, no al obtener la recompensa, lo que demostraba que la dopamina es la encargada de producir la conducta a la recompensa ¿Y qué pasa si la recompensa es variable? Pues que los niveles de dopamina subían hasta más del doble: la dopamina mantiene al mono adicto, igual que mantiene a los jugadores de máquinas tragaperras enganchados.

Esta estrategia de recompensa variables también la utilizan sagas de videojuegos muy conocidos como el Candy Crush, donde al meterte a diario obtienes un "regalo" (Spoiler: en todos los videojuegos hay reforzamiento intermitente). Y el amor tampoco se queda fuera de esta estrategia.

Ahora ya sabéis que esa persona que te habla un día sí, dos no, luego una semana seguida y luego desaparece durante tres, probablemente esté haciéndoos -sin saberlo, o no- reforzamiento intermitente (o como lo llamo con mis amigos "hacer la de la paloma"), y por eso seguís estando enganchados y os gusta más que la persona que os ofrece la recompensa a diario. Así que ya sabéis, *"voy a dejarte de hablar, pa' llamar tu atención."*

Capítulo 26.
Nuestra relación con los parásitos, ¿son siempre los malos?

Hasta donde nos han contado, los parásitos se abren paso dentro de otros seres normalmente más grandes que ellos o incluso viven sobre ellos. Y lo hacen con el propósito de alimentarse a expensas de a quienes parasitan, causándoles perjuicios. Así, el parasitismo se distingue de otras relaciones como el comensalismo o el mutualismo.

Los parásitos más pequeños son los protozoos. Son unicelulares y prefieren conquistar nuevos espacios a través del agua y los alimentos que ingerimos o dejándose llevar por seres más grandes a los que no tienen por qué afectar de forma negativa, pero les sirven de transporte: los vectores. Entre los protozoos más famosos se encuentra *Plasmodium*, causante de malaria.

Los más grandes son los ectoparásitos. Son generalmente artrópodos y, además de poder servir como vectores, pueden provocar daños por sí mismos. Son ejemplos bien conocidos los piojos y las pulgas. Entre los protozoos y los ectoparásitos hay otro gran grupo: los helmintos. Son pluricelulares, tienen forma de gusano y suelen desplazarse por el intestino, la sangre y otros tejidos. A diferencia de *Plasmodium* o los piojos y las pulgas, *Strongyloides* es un helminto poco conocido.

Strongyloides es un género de helmintos que infecta a humanos y produce una helmintiasis que recibe el nombre de estrongiloidiasis y se trata de una enfermedad tropical desatendida. No se posee información suficiente acerca de ella y es sufrida por un tercio de la población que vive en zonas tropicales y subtropicales, pudiendo llegar a alcanzar un 60% de prevalencia en algunas regiones. Pero, aunque en la mayoría de los casos *Strongyloides* se dedique a parasitar y, por tanto, daños en su hospedador, ¿esto es siempre así?

Actualmente se está investigando sobre este tema y hay bastante controversia. Pero la controversia no hace sino indicar que existe la probabilidad, por pequeña que sea, de que este parásito pudiera dejar de causar daños e incluso ser beneficioso para algunos pacientes que sufren otras enfermedades. Entonces, ¿qué condiciones han de reunir estos pacientes para conseguir los favores del helminto?

Strongyloides se transmite desde el suelo y se fija al intestino delgado, desde donde se aprovecha de nosotros. Además, la especie *Strongyloides stercoralis* puede producir autoinfección: es capaz de reproducirse y reinfectar de nuevo al hospedador por vía fecal-oral, persistiendo, de esta manera, por muchos años en su organismo. La infección por *Strongyloides* tiene un efecto de inmunomodulación en sus hospedadores, es decir, el parásito toma parte del control sobre el sistema inmune.

Así pues, como defienden algunos autores, aquellos pacientes que se ven afectados por enfermedades autoinmunes y trastornos metabólicos como la diabetes mellitus tipo 2 y que estén a su vez infectados por *Strongyloides* podrían estar sirviéndose del parásito para reducir los estragos que les produce la otra enfermedad que padecen.

Las relaciones, como sucede entre las personas, también son cambiantes entre los humanos y otras especies. En función de las condiciones de un individuo, un parásito podría dejar de producir perjuicios e incluso proporcionarle beneficios relativos.

Capítulo 27.
Hepatitis C, con "c" de curable

El trabajo de Alter, Houghton y Rice caracterizó esta forma de hepatitis como una entidad clínica distinta, causada por un virus de ARN de la familia Flavivirus, ahora conocido como virus de la hepatitis C. Sus trabajos han reducido drásticamente el riesgo de contraer hepatitis a partir de sangre contaminada y ha llevado al desarrollo de medicamentos antivirales eficaces que han mejorado la vida de millones de personas.

A principios de la década de los 70 se descubrió que, tras las donaciones de sangre, un 80% de los pacientes que presentaban hepatitis no presentaban anticuerpos contra ninguna hepatitis conocida. Además, esta hepatitis presentaba síntomas más leves. Alter determinó por tanto que existía un tercer tipo de hepatitis a la que finalmente se denominó hepatitis no A no B (NANBH)

La caracterización de NANBH siguió durante más de 10 años. En 1982 Michael Houghton, inició su búsqueda del virus utilizando un enfoque molecular basado en el cribado de fragmentos de ADN, también llamado biblioteca de ADN complementario (ADNc), aislada de los chimpancés infectados, del cual no obtuvo buenos resultados.

Los intentos de enriquecer las secuencias virales eliminando las secuencias de huésped que también se encontraron en un hígado de control no infectado tampoco tuvieron éxito. Hasta que Houghton decidió probar un novedoso enfoque de detección inmune. Generó una biblioteca de ADNc a partir de ARN aislado del plasma de un chimpancé infectado por NANBH y esto lo transfirió a bacterias utilizando un sistema de bacteriófago lambda altamente eficiente.

La expresión de antígenos virales se investigó entonces utilizando suero de un paciente con NANBH, que debía contener anticuerpos contra el virus desconocido. El cribado de un millón de colonias bacterianas utilizando este enfoque dio lugar a la identificación de una colonia que no contenía ni ADN de chimpancés ni de humanos Esta era la señal viral que buscaban. La secuencia, llamada clon 5-1-1, se hibrida a un ARN de unos 10.000 nucleótidos.

El ARN codificaba un gran marco de lectura abierta (ORF) y mostraba una homología distante con los genomas de los virus de ARN conocidos. Las proteínas podrían traducirse de la propia molécula de ARN, lo que indica que el virus tenía un genoma de ARN de hebra positivo. Esto permitió la clasificación del virus, que llamaron virus de la hepatitis C (VHC), como un nuevo miembro de la familia *Flaviridae*.

Tras la identificación del virus, el equipo de Houghton desarrolló rápidamente un inmunoensayo para la detección de anticuerpos específicos del VHC y mostró la presencia de tales anticuerpos en un donante de sangre que había transmitido la enfermedad a diez receptores diferentes. El trabajo de Alter y Houghton estableció un vínculo crítico entre NANBH y la infección por el VHC.

Sin embargo, no constituía una prueba definitiva de causalidad porque la transmisión de la enfermedad por transferencia de sangre infecciosa no podía excluir la participación de cofactores esenciales. Para demostrar de manera concluyente la causalidad, se requería el aislamiento de un virus capaz de reproducir las señas de identidad clínicas de la enfermedad, incluido el daño hepático crónico y la persistencia del virus infeccioso en la sangre del huésped infectado.

Rice construyó genomas de ARN viral que contenían la región 3' conservada del virus, los inyectó en el hígado de los chimpancés y buscó evidencia de replicación del VHC, pero no observó el virus en sangre. Sabiendo que la replicación de los virus de ARN es propensa a errores, y que muchas secuencias virales llevan mutaciones inactivadoras, diseñó un conjunto de genomas de ARN que comprendía tanto la región conservada de 3' como una secuencia de consenso para excluir posibles mutaciones inactivadoras.

Inyectó el ARN en el hígado de los chimpancés y esta vez el experimento tuvo éxito, los animales desarrollaron signos clínicos de hepatitis y el virus infeccioso se encontró en su sangre durante varios meses. El trabajo de Charles Rice proporcionó evidencia concluyente de que el VHC por sí solo podría causar hepatitis, persistir a largo plazo y estimular una respuesta específica a los anticuerpos, todas las características de la infección humana.

El trabajo en conjunto de estos tres científicos, y otros muchos que también contribuyeron, ha permitido que la hepatitis C sea en muchos casos una enfermedad curable, lo que beneficia a miles de personas en el mundo.

Capítulo 28.
¿Qué es el Síndrome de Tourette?

El Síndrome de Tourette (ST) es un trastorno neuropsiquiátrico caracterizado por tics motores y fónicos que comienza durante la infancia o adolescencia. Los tics son movimientos o sonidos involuntarios breves, rápidos, de aparición brusca e intermitente, a menudo precedidos por un impulso local o generalizado, o bien alguna otra sensación premonitoria. Son fenómenos motores y/o sensoriales.

Suelen ser estereotipados (el tic se repite una y otra vez) y se pueden inhibir mediando un esfuerzo de la voluntad (si la persona quiere, puede parar de hacerlo). Normalmente, en el tic la persona nota algo (fase premonitoria) y tiene que hacer un gesto para aliviarlo. Son muy frecuentes en la población.

Los tics pueden ser motores simples (ej., parpadeo excesivo, movimiento de cuello), motores complejos (no es un solo movimiento, sino que enlaza varios movimientos), vocales simples (hacer algún tipo de sonido, como carraspeo continuo o gritos cortos y fuertes), vocales complejos (sonido con palabras, como por ejemplo decir palabrotas), distónicos, sensitivos, reflejos, status de tics, pesudotics…

Otras de las características de los tics son la sugestibilidad, supresibilidad y distractibilidad. Los tics son muy frecuentes en la infancia, suelen aparecer a los 5-6 años, pero su frecuencia suele ir decayendo con los años. El hecho de tener tics no implica que esa persona tenga ST.

No existe un test diagnóstico para el ST, según DSM-5 es necesario la presencia de múltiples tics motores (aunque no sean coincidentes) y fónicos con un inicio anterior a los 18 años, duración de al menos 1 año, tener al menos un tic vocal y que todo esto no esté causado por alguna sustancia que esté tomando. Hay ocasiones que los tics son más severos y hace que esa persona necesite tratamiento.

El 57% de los pacientes de ST presentan dos o más trastornos psiquiátricos. El 72% de estos presentan TOC o TDAH. Los pacientes de ST suelen comenzar a presentar síntomas siendo pequeños, empiezan a ser inquietos y no prestan mucha atención en clase.

Después aparecen los tics dentro de los cuales aparecen primero los motores, luego los vocales y, por último, aparecen los síntomas TOC que también pueden mejorar. Se conoce que aquellas personas que tienen familiares con ST, o con TDAH o TOC, tienen mayor probabilidad de desarrollarlo.

Hay factores genéticos que pueden ser hereditarios, y factores genéticos que no son hereditarios. También puede haber factores ambientales como infecciones, factores pre y perinatales y eventos que afectan a la microglía que pueden desencadenar ST.

¿Qué pasa a nivel cerebral? Los ganglios basales nos permiten controlar los movimientos. Hay un circuito directo que se encarga de producir los movimientos y hay otro indirecto que hace más sinapsis y tarda más, impidiendo el movimiento. Es necesario un balance igualitario entre ambos circuitos.

En el ST hay alteración en el circuito indirecto, que está disminuido, y en el circuito directo. que está aumentado. El circuito de los ganglios basales motor va a través del putamen y de la corteza motora, pero los ganglios basales no están solo implicados en el control motor, también en funciones ejecutivas y asociativas y en funciones emotivas y de motivación. Si fallan estos circuitos, también habrá otros efectos que no son solo motores, como ideas obsesivas, trastornos de control de impulsos, déficit de atención con hiperactividad…

Si se estudia el cerebro de un chico sano y luego uno con ST, la resonancia magnética es normal en ambos. Sin embargo, si se hacen estudios muy exhaustivos comparando grupos se ha visto que hay diferentes áreas que tienen cambios estructurales en los niños con ST. Estas áreas van a determinar el tic y la severidad de los tics.

Desde el punto de vista funcional, se vio que, aplicando un protocolo de plasticidad cerebral en diferentes pacientes y controles, los sujetos normales tienen una excitabilidad de la corteza motora aumentada, pero en los sujetos con ST la plasticidad está mucho más incrementada. Además, se ve que esto hace que la severidad de los tics sea mucho mayor.

Aun así, no todo es malo. Debido a que se crean conexiones anómalas que realmente no deberían existir, los pacientes de ST tienen una alta capacidad de aprendizaje.

Capítulo 29.
¿Por qué nos despierta el café?

El café es uno de los alimentos más consumidos a nivel mundial y no es una sorpresa. A parte de sus propiedades organolépticas también le acompañan numerosas propiedades beneficiosas para la salud que se han ido descubriendo durante los últimos años.

Estas propiedades beneficiosas se deben principalmente a dos tipos de moléculas: las metilxantinas y los polifenoles. ¿Metil qué? Igual por ese nombre no localizas aún el compuesto del que estamos hablando, pero nos referimos a la cafeína.

La cafeína es la metilxantina principal del café, pero también la encontramos en otros compuestos como el té o las bebidas energéticas. Y lo que todos hemos oído hablar sobre la cafeína es que nos ayuda a mantenernos despiertos, pero ¿por qué?

Cuando nos despertamos estamos llenos de energía (hay quien más y quien menos) debido a que los niveles de cortisol se elevan con los primeros rayos de sol para activarnos y mantenernos alerta para un nuevo día. A medida que pasan las horas, este cortisol comienza a disminuir y empiezan a aumentar los niveles de adenosina. La adenosina es una molécula que actúa como inhibidor en nuestro cerebro, ya que impide la producción de neurotransmisores como la serotonina, noradrenalina o dopamina.

Nuestra fiel aliada, la cafeína, se asemeja mucho estructuralmente a la dopamina, y es capaz de engañar a nuestro cerebro haciéndose pasar por la adenosina y evitando que se produzcan los mecanismos que esta producía… vamos, que nos quita el sueño. Aunque esto va a depender mucho de la persona y su tolerancia a la cafeína.

Si ya hemos dicho que la cafeína compite con la adenosina, el mejor momento para tomarla será justo cuando empecemos a acumularla, es decir, un rato después de despertarnos y no nada más hacerlo. Pero ¿y si te digo que este no es el único beneficio de la cafeína? ¿Sabías que la cafeína se ha asociado con propiedades anti-obesidad, antidiabéticas, cardio protectoras y neuro protectoras?

La cafeína, como el resto de metilxantinas, se ha asociado con diferentes propiedades beneficiosas para la salud, entre las que se encuentran propiedades antidiabéticas, anti-obesidad, anticancerígenas, neuroprotectoras y anti-hipertensivas. Seguramente, esta última sea la que más te llame la atención, ya que siempre hemos escuchado que la cafeína eleva la tensión, y lo cierto es que aún no se sabe a ciencia cierta.

Las propiedades anti-obesidad se asocian también a la inhibición de la cafeína a la adenosina. En estudios in vitro, la cafeína ha demostrado suprimir la adipogénesis (formación de adipocitos), estimular la termogénesis y lipólisis (quema de grasas). La cafeína es capaz de activar el sistema nervioso simpático, suprimiéndose la sensación de hambre y favoreciendo la sensación de saciedad y el gasto de energía. Los estudios en humanos muestran la misma tendencia.

Otra de las propiedades asociadas a la cafeína es su capacidad antidiabética. Los estudios en modelos animales y en humanos sugieren que la cafeína aumenta la tolerancia a la glucosa y la sensibilidad a la insulina, así como a reducir los niveles de glucosa en sangre. Sin embargo, hay controversia sobre estos efectos cuando la cafeína se consume junto a carbohidratos. Aun así, encontramos en la literatura metaanálisis que señalan que el consumo de cafeína a largo plazo reduce hasta un 23% el riesgo de padecer diabetes.

¿Y las propiedades anti-hipertensivas? Como ya veníamos adelantando, existe cierta controversia en cuanto a la cafeína y a las propiedades cardioprotectoras (corazón). La principal limitación es que no existen estudios observacionales con cafeína pura, de manera que no se pueden asociar ni los efectos perjudiciales ni los beneficiosos a estas propiedades electrocardiogramas.

El consumo moderado de cafeína reduce, e incluso parece proteger contra enfermedades cardiovasculares, además, no se ha conseguido asociar el consumo de cafeína con un mayor riesgo de arritmias, insuficiencia cardíaca, cambios en la presión arterial o frecuencia cardíaca entre otros en sujetos sanos. Sin embargo, la población con hipertensión o riesgo de padecerla puede ser más sensible a alguno de sus efectos.

Son muchos los beneficios que se asocian a esta maravillosa bebida que es el café, pero los efectos dependerán del tipo de café y del tiempo y tipo de extracción. Si queréis un café que os espabile es mejor que lo diluyáis más para que se libere más cafeína. La cantidad recomendada de cafeína al día es 200-400 mg al día (aproximadamente tres tazas), pero vigila bien cuándo te las tomas, ya que el cuerpo tarda unas 5 horas en eliminar la cafeína y el descanso también es fundamental para una buena salud.

Capítulo 30.
¿Tomar un poco de aire fresco?

La contaminación del aire es una de las causas que más afecta a nuestra calidad y esperanza de vida. El deterioro de la calidad del aire ha empeorado en los últimos años y su impacto en la salud humana se ha convertido en una de las principales preocupaciones de las autoridades públicas.

La creciente evidencia de los efectos adversos de las partículas sobre la salud humana llevó a la Organización Mundial de la Salud (OMS) a declarar la contaminación del aire como el mayor riesgo ambiental para la salud en 2019. La crisis del coronavirus ha tenido pocos impactos positivos, pero podemos destacar uno: la contaminación ambiental por fin se ha reducido y con ello las consecuencias negativas en la salud de las personas.

Además, sumado al confinamiento y a una menor exposición a fuentes contaminantes, los beneficios que han podido tener en la salud pública serían considerables. El brusco parón de las actividades benefició enormemente el medio ambiente y la salud de los que lo habitan. El descenso de la actividad industrial, los desplazamientos en vehículos a motor y el menor consumo se ha traducido en una menor contaminación. Esto nos deja aire más limpio, aguas más claras y cielos más despejados.

Recientemente, un número creciente de estudios en toxicología y epidemiología han demostrado que las partículas respirables (con un tamaño de partícula menor o igual a 2,5 µm, conocidas como PM2,5) tienen efectos muy negativos sobre la salud humana. Se ha demostrado que las partículas de 2.5 µm o menos pueden penetrar en los sistemas respiratorio y circulatorio, dañando los pulmones, el corazón y el cerebro, causando hasta 4.2 millones de muertes prematuras en todo el mundo cada año, a causa de enfermedades como el cáncer, la genotoxicidad, los derrames cerebrales y las enfermedades cardíacas (infarto de miocardio) y pulmonares (asma, fibrosis pulmonar).

Además, en 2018, un niño de nueve años del Reino Unido fue la primera persona para la que la contaminación atmosférica figura como causa de muerte. Dentro de la escala el mayor riesgo se da en las partículas que podemos considerar como "fracción respirable o ultrafina", ya que es la que es capaz de atravesar los pulmones y pasar a la sangre, con el riesgo que ello ocasiona. Aunque el riesgo no solo depende del tamaño, sino que también depende de la forma de estas partículas. El riesgo es mayor cuanto mayor sea su relación de aspecto (es decir, cuanto más alargada y fina sea la partícula).

Esto explica porque las fibras de asbesto hayan producido un problema tan grave en la salud de la población, ya que se trataban de unas fibras de tamaño muy pequeño (alta relación de aspecto) y se adherirían a los pulmones de forma casi irreversible. El informe State of Global Air 2019 demuestra que, por ejemplo, cada año mueren más personas por enfermedades relacionadas con la contaminación del aire que por la malaria. También mueren más por esta causa que por el tabaco. Según este informe, es la cuarta causa de pérdida de años de esperanza de vida y, la quinta, la contaminación SOLO por partículas muy pequeñas, ya que las partículas con un diámetro aerodinámico menor a 1 µm pueden penetrar en los sistemas respiratorio y circulatorio, estando estrechamente relacionadas con la incidencia de enfermedades humanas y la tasa de mortalidad en entornos urbanos.

"Las partículas con un diámetro aerodinámico menor a 1 micra pueden penetrar en los sistemas respiratorio y circulatorio, causando hasta 4,2 millones de muertes prematuras en todo el mundo cada año".

Todos podemos hacer un poco por mejorar esta situación: coger más la bici, utilizar menos el coche, reducir el consumo de plásticos de un solo uso, reciclar, etc. Las opciones son múltiples. Con ello, no solo mejorarás la salud del mundo en el que vivimos, sino también la tuya y ayudarás a concienciar de la importancia de hacer pequeñas acciones. Porque la mejor forma de enseñar es dando ejemplo.

Capítulo 31.
Secuenciación, ciencias ómicas y bioinformática

Desde que se desarrollaron los métodos de secuenciación, hemos podido tomar nota de los genes de distintos organismos. Si has estudiado un grado de la rama bio o estás muy interesado en ésta, seguro que has oído hablar de estas técnicas y estás familiarizado con su funcionamiento. Pero ¿conoces todas las utilidades qué pueden tener? En este capítulo hablaremos de una de las más innovadoras aplicaciones de las ciencias ómicas.

La secuenciación nos permite conocer algo tan fundamental de un organismo vivo como es su genoma y los productos de éste. Por lo que la disciplina que viene de la mano del desarrollo de la secuenciación recibe el nombre de genómica.

En los últimos años, la genómica (estudio del conjunto de genes) ha traído consigo la proteómica (estudio del conjunto de proteínas) y la metabolómica (estudio del conjunto de reacciones metabólicas). Las ciencias ómicas ofrecen una visión integral de los organismos. Sin embargo, para interpretar la enorme cantidad de datos, fruto del estudio por conjuntos, se requiere un gran desarrollo computacional. A estas alturas, la bioinformática es imprescindible para seguir investigando en estas áreas. Una vez introducidas las bases, ya podemos adentrarnos en una pequeñita (aunque revolucionaria) sección de las ciencias ómicas.

Tras el establecimiento de las ciencias ómicas, en concreto, de la metabolómica, nos hemos lanzado a la emocionante aventura de reducir cualquier estructura de nuestro organismo (como un órgano) al tamaño de un chip. Esta línea de desarrollo se conoce como *organ-on-a-chip*. Básicamente, se busca producir dispositivos a escalas micrométricas que mimeticen la complejidad de los organismos vivos en cuanto a estructura, funciones y microambiente bioquímico de sus órganos.

Vale, pero ¿cómo se hace? Estos chips se fabrican a partir de materiales poliméricos transparentes y consisten en pequeños canales 3D microfluídicos que posteriormente se revisten de células. Una de las ventajas que presenta este cultivo en 3D frente a los cultivos convencionales en 2D es que permite estudiar interacciones más complejas, como aquellas reguladas por hormonas o citoquinas, o incluso aquellas interacciones que dependen de la estructura del órgano.

Así pues, la matriz extracelular a la que se adhieren las células puede reproducir determinadas condiciones físicas como la tensión, la compresión y la torsión. Estos factores son realmente influyentes en órganos como el cerebro, que tiene estructuras tan particulares, o el corazón, que está constantemente contrayéndose.

Hay estudios de organ-on-a-chip para hígado, corazón, intestino, pulmón, riñón, cerebro y huesos, por ejemplo. Y, recientemente, se han empezado a desarrollar también modelos con varios órganos atendiendo a las interacciones órgano-órgano que se producen dentro de un mismo organismo. Esta iniciativa, siguiendo con el naming, se conoce como *body-on-a-chip*. Y ahora, una vez construido el chip, ¿qué pasa?

¿Qué podemos hacer con toda esta tecnología? Los chips pueden utilizarse en investigación del cáncer como herramienta de diagnóstico, clasificación de tumores y pronóstico. Los tumores son tejidos tridimensionales complejos que establecen interacciones dinámicas con los tejidos circundantes a través de una señalización química compleja; de modo que, los tumores, como los órganos, son susceptibles de estudiarse también a través de chips: *tumor-on-a-chip*.

También pueden utilizarse los chips en fases preclínicas de fármacos, a modo de análisis predictivo complementario a los estudios en modelos animales. De esta manera, dispondríamos de un modelo in vitro más especializado, que aumentaría la eficiencia de los análisis. Además, cabría esperar que los chips puedan ser utilizados en medicina personalizada, es decir, cultivando las propias células del paciente.

Esto tiene otro nombre: *human-on-a-chip* (podía intuirse, ¿no?). Sería una forma de medir la eficacia de fármacos y efectos colaterales en cada individuo según sus propias características. Todo apunta a que, en los próximos años, gracias a la revolución de la impresión 3D (en concreto, la bioimpresión), junto con el desarrollo de la dinámica de fluidos computacional y las ciencias ómicas, se podrán diseñar dispositivos más sofisticados y efectivos.

Capítulo 32.
No está todo en los genes

"La epigenética es la responsable de que se pueda dar lugar a una neurona, una célula hepática o una célula dérmica partiendo de la misma copia del genoma"

La epigenética fue descrita por primera vez por Conrad Waddington en 1942 y se define como las modificaciones de la cromatina, el ADN y otros reguladores del mecanismo de la transcripción que actúan en el contexto de la cromatina. Los mecanismos epigenéticos más destacados de regulación epigenética son:

1. La metilación del ADN e hidroximetilación.
2. Las modificaciones post-traduccionales de las histonas.
3. Las variantes de las histonas.
4. La organización de la estructura de la cromatina.
5. Los ARNs no codificantes.

Mediante estos mecanismos se regula la manera en que las células usan las instrucciones del material genético. Muchas de estas diferencias en la expresión génica surgen durante el desarrollo y se transmiten en la mitosis. El epigenoma es dinámico y varía entre diferentes tipos celulares y durante los estados de desarrollo en un mismo organismo. Además, los mecanismos epigenéticos están íntimamente ligados a procesos como el desarrollo, la diferenciación y la respuesta celular al estrés, procesos que son esenciales para el desarrollo del organismo.

Por lo que obtenemos una conclusión: un mismo genotipo puede dar lugar a diferentes fenotipos. El responsable de ello es la regulación epigenética mediante la supresión/activación de ciertos grupos de genes. Esto hace posible que, en un ser humano, teniendo billones de células con la misma copia del genoma en su núcleo, pueda existir una especialización y diferenciación celular que dé lugar a una neurona, una célula hepática o una célula dérmica u otro tipo de línea celular.

El epigenoma afecta a la expresión génica, que a su vez conduce a cambios en los niveles de proteína y en último término al fenotipo. Proporciona un vínculo entre el genoma y el ambiente. Así, la epigenética permitió un cambio en la forma de entender la variabilidad fenotípica en algunas enfermedades multifactoriales, ya que supuso la comprensión de los mecanismos que se ven afectados por el medio ambiente y el estilo de vida.

En efecto, fenómenos externos tienen un profundo efecto en la plasticidad del desarrollo, el envejecimiento y la susceptibilidad a padecer enfermedades comunes. No todo está en los genes, más bien en la regulación de la expresión de los mismos. En muchas enfermedades multifactoriales la genética predispone a una persona a la enfermedad, y, si se produce la combinación correcta de factores ambientales, la epigenética va a propiciar que este vínculo entre extremo genético y ambiental contribuyan a producir la enfermedad.

Uno de los mecanismos epigenéticos más interesantes es el que ocurre en las histonas. Estas proteínas son las responsables del empaquetamiento del ADN, y son las proteínas eucariotas más conservadas que existen (impactante, ¿verdad?). Encontramos múltiples tipos de modificaciones en las histonas. La presencia y combinación de estas modificaciones proporciona un enorme potencial de respuestas funcionales formando el «código de las histonas».

La fosforilación de las histonas es muy importante en la condensación de la cromatina durante la división celular y la reparación de la DNA. En general, altos niveles de acetilación se asocian a un incremento de la actividad transcripcional, mientras que bajos niveles de acetilación se asocian a la represión de la expresión génica. Se ha demostrado que los fármacos con capacidad para inhibir acetilación poseen actividad antitumoral y que un desequilibrio en la acetilación de la histona tiene relación en la formación del tumor y en la progresión del cáncer.

Vale, hasta aquí todo claro. Pero, resulta que las histonas también existen fuera del núcleo. ¿Pero no se encargaban de empaquetar el DNA? Bueno sí, y no. Se ha demostrado que las histonas, cuando salen de la célula, debido por ejemplo a una rotura celular, tienen propiedades antimicrobianas. Además, una alta concentración de histonas extracelulares genera en nuestro organismo una alta citotoxicidad, induciendo un estado pro-inflamatorio y la activación de la coagulación. Esto es debido a que las histonas circulantes generan la activación de la trombina, provocando la trombosis microvascular en los sitios donde se haya producido inflamación severa.

Las histonas liberadas por los neutrófilos durante el proceso de NETosis son responsables de activar la cascada de coagulación, sugiriendo que la estructura de las histonas libres debe actuar como PAMPs (Pathogen associated molecular patterns) y en consecuencia actuar como mediadores de la señalización celular, la inflamación y la regulación de la respuesta inmune durante un proceso séptico.

Una concentración elevada de las histonas circulantes en el suero presenta un papel en la lesión aguda en los pulmones y un papel patológico en multitud de enfermedades como la sepsis, trauma, cáncer, pancreatitis, peritonitis, enfermedades autoinmunes e hiperinflamatorias. Por ejemplo, se ha visto que, en enfermedades autoinmunes, como el lupus eritematoso y en esclerosis múltiple, se producen autoanticuerpos frente a las propias histonas.

Por lo tanto, se está estudiando el papel de las histonas extracelulares como biomarcadores de diagnóstico y pronóstico de las enfermedades que cursan con hiperinflamación, trauma, infecciones y daño severo, ya que participan en el daño orgánico en patologías cardiacas, patologías autoinmunes y sepsis. Viéndose incluso, que la mortalidad fue mayor en aquellos pacientes con niveles medios de histonas extracelulares más elevados.

Capítulo 33.
¿Por qué siempre hay hueco para el postre?

Estoy en la universidad, hace dos horas que he desayunado y tengo hambre ¿cómo puede ser? El hambre tiene un propósito básico, nos avisa de cuando tenemos que comer para mantener nuestras reservas de energía. En la regulación central del metabolismo hay dos procesos, uno anabólico en el que se ingiere más comida y se inhibe el proceso de gasto energético y, por otra parte, un proceso catabólico, en el que se inhibe la ingesta de comida y se favorece el gasto calórico.

El control del peso corporal y de la ingesta de alimentos se da en nuestro cerebro a nivel del hipotálamo, y también juega un papel fundamental nuestro tejido adiposo. El tejido adiposo es el encargado de liberar la leptina, pero también encontramos otras hormonas importantes implicadas en el mecanismo del hambre: la insulina y la grelina.

Cuando acabamos de comer, tenemos el estómago lleno. Esta señal de distensión en el estómago llega al cerebro, produciéndose un feedback negativo: estamos saciados. Al mismo tiempo, a nuestro hipotálamo están llegando la insulina y la leptina, que se liberan cuando ingerimos alimentos y cuando aumentan las reservas energéticas en el tejido adiposo, lo cual activa finalmente las vías catabólicas del metabolismo, favoreciendo el gasto energético y el gasto calórico, a fin de mantener el peso corporal.

A medida que nuestro tracto gastrointestinal se va vaciando, comenzamos a sentir de nuevo la sensación de hambre. Esto se debe especialmente a la motilina, una hormona que se libera en la última fase de contracción especializada, durante el complejo motor migratorio, en el que se mueve aquella comida que no se ha digerido. Estas contracciones provocadas por la motilina coinciden con los "dolores" que sentimos en el estómago cuando empezamos a tener hambre.

Durante esta fase, además, se reducen los niveles de insulina y leptina y aumentan los de grelina que llegan al hipotálamo y activan neuronas y vías orexigénicas, promoviendo el metabolismo anabólico, de manera que disminuye el gasto energético y se potencia la búsqueda de comida.

Por desgracia, en los últimos 30 años se ha producido un aumento sin precedentes en los niveles globales de obesidad, que entre 1980 y 2008 llegaron a duplicarse. El creciente impacto de esta tendencia en la salud ha sido profundo, ya que la obesidad es un factor de riesgo importante para la mayoría de las enfermedades no transmisibles, incluidas las enfermedades cardiovasculares, los cánceres, las enfermedades respiratorias crónicas y la diabetes, lo cual acaba traduciéndose en un aumento de los costes de sanidad y en una sobrecarga de los sistemas de salud.

La acumulación de grasa corporal que subyace a la obesidad es fundamentalmente un reflejo del equilibrio energético positivo, en el que la energía consumida excede a la que se consume a través del metabolismo catabólico, la termogénesis y la actividad física. Sin embargo, existe una relativa estabilidad en el peso corporal durante periodos prolongados de tiempo para la mayoría de las personas: es decir, tendemos a estar siempre en el mismo peso.

Aunque el equilibrio energético está muy bien regulado, esta regulación está sesgada a favor del consumo excesivo de calorías. Esta es una estrategia evolutiva, necesaria para evitar la inanición cuando los suministros de alimentos eran escasos o impredecibles.

Aun así, si el equilibrio energético fuese el único impulsor de la obesidad, ésta no debería existir. Debemos diferenciar entre el hambre homeostática, que es el que se regula por los mecanismos explicados en los posts anteriores y que está únicamente relacionado con nuestras reservas de energía a corto plazo, y el hambre hedónica, que aprovecha cualquier oportunidad para conseguir energía adicional.

Como todos sabemos, comer es un placer. Comer activa el sistema de recompensa, como la música, el sexo o las drogas. Cuando hemos comido algo que nos ha gustado hemos sentido placer, como esa tarta riquísima que hacen en el bar que te gusta tanto; de manera que, cuando volvemos a percibir a través de los sentidos el alimento -olfato y vista-, nuestro cerebro notifica la necesidad de comerlo (aunque estemos llenos) y esto se debe básicamente a que nos producirá placer, porque elevará los niveles de dopamina, y a que aumentará nuestras reservas energéticas.

Es evidente que los sistemas cerebrales hedónicos pueden anular los sistemas hipotalámicos que regulan el equilibrio energético, y que la variedad de alimentos densos en energía, altos en azúcar y en grasas a los que estamos expuestos actualmente está hiperestimulando estos sistemas.

Este escenario puede conducir el consumo de alimentos más allá de las necesidades homeostáticas, proporcionando una explicación parcial de los aumentos en la prevalencia de la obesidad, la mayoría de los cuales pueden considerarse inducidos por la dieta, pero también son el resultado de la interacción gen-ambiente. Aunque actualmente la hambruna sea muy rara en el mundo desarrollado, donde desde el último siglo abunda el suministro de alimentos baratos, sabrosos y nutritivos, seguimos dejándonos llevar por el placer, por eso siempre hay hueco para el postre.

Capítulo 34.
Asesinos en los hospitales

Puede que nunca hayas oído la palabra «nosocomial». Las infecciones nosocomiales son aquellas que van asociadas a la atención médica, incluyendo tanto las prácticas de atención en pacientes hospitalizados como en ambulatorios. También se contabilizan aquellas infecciones adquiridas en residencias y otros centros de cuidados. Y, ojo, aunque se contraen en el hospital u otro tipo de centro, no son el motivo de ingreso.

Se tiene poco conocimiento sobre este tema, teniendo en cuenta que afecta a entre el 5% y el 10% de los pacientes hospitalizados e implican una alta morbilidad y mortalidad, además de un elevado coste económico. Aunque el coste más importante es, claramente, el que paga el afectado con su salud o, incluso, con su vida.

Los patógenos responsables de estas infecciones frecuentan, en orden de importancia (y entendiendo por importante alta exposición y alto riesgo de infección), las siguientes vías:

- En primer lugar, el catéter vascular. Los patógenos acceden desde los equipos y EPIS contaminados directamente al torrente sanguíneo.
- En segundo lugar, las cirugías. Durante algunas operaciones, se rompen las barreras de defensa del organismo y los patógenos tienen más fácil entrar

en contacto con órganos como los riñones y los pulmones, entre otros.
- En tercer lugar, el catéter del tracto urinario. Principalmente en mujeres.
- Y, en cuarto lugar, el soporte respiratorio asistido por ventilador.

Por lo general, los pacientes más críticos que ingresan en la Unidad de Cuidados Intensivos lo hacen con ventilación asistida. La contaminación de estos aparatos puede llevar a la muerte a estos pacientes tan débiles que, normalmente, son ancianos, han sufrido un infarto o han tenido un accidente grave.

Hemos conocido la prevalencia en porcentajes, pero, si atendemos a cifras totales, es para llevarse las manos a la cabeza. En Europa 3,8 millones de pacientes adquieren una infección nosocomial cada año, de los cuales mueren 40.000; mientras que, en Estados Unidos, mueren más 100.000 cada año, el doble de las muertes que se registran por accidente de tráfico. Es como si un avión con 400 pasajeros se estrellara todos los días. ¿No es impactante?

Quizás no sonara tanto esto de las infecciones nosocomiales, pero sí es más conocido aquello de las resistencias antimicrobianas. Pues bien, las bacterias resistentes están estrechamente relacionadas con este tipo de infección. Cuando se abusa de antibióticos, hay algunas bacterias que pueden proliferar alegremente, puesto que disponen de genes de resistencia y, además, su competencia, tanto patógena como la propia microbiota intestinal, está siendo afectada por el antibiótico.

Clostridium difficile, que en un cambio de última hora se ha renombrado como *Clostridioides difficile*, es la más acusada en consecuencia del abuso de sustancias antibióticas. Tal es la asociación de este patógeno con los antibióticos que la afección intestinal que causa se denomina "diarrea asociada a antibióticos". Para más inri, este bacilo es capaz de generar esporas, multiplicando su resistencia y haciendo todavía más compleja su eliminación. Los factores que aumentan el riesgo de un individuo de padecer esta infección (habitualmente nosocomial) son una edad avanzada, un sistema inmune debilitado, otras comorbilidades y, como no, una estancia larga en el hospital.

Otros microorganismos también responsables de este 5-10% de afectados por este tipo de infecciones son *Klebsiella pneumoniae*, *Staphylococcus aureus*, *Aspergillus* y *rotavirus*. Y, a estas alturas, ¿no hemos encontrado la forma de eliminar o reducir la prevalencia de infecciones nosocomiales? Una posible respuesta a esta pregunta podría ser: sí, conocemos la teoría, pero no la implementamos en la práctica o la implementamos mal…

Antes de exponer cualquier método o protocolo que minimice el número de infecciones nosocomiales, se pueden tomar acciones preventivas. Las dos prevenciones más eficaces son:

- Acabar con el abuso de antibióticos, suministrándolos cuando sea necesario y controlando su administración. No sólo estaríamos haciendo un favor al paciente que vaya a tener menos probabilidad de ser infectado por

Clostridioides difficile o *Staphylococcus aureus*; sino que, como vimos en anteriores capítulos sobre contaminación ambiental con fármacos, estaríamos reduciendo el impacto que nuestros desechos saturados de múltiples y diversas sustancias producen en otras especies de nuestro entorno.

- La segunda estrategia de prevención tiene más que ver con la educación de la población en general y con la formación y prudencia del personal sanitario en particular. Mejorar sus condiciones de trabajo es crucial para garantizar una atención al paciente que garantice su seguridad y asepsia.

- Ahora sí, vamos con los protocolos de acción. El Dr. Peter Pronovost es considerado uno de los sanitarios más influyentes por haber desarrollado un método para prevenir las infecciones nosocomiales. Cuando se usa, la probabilidad de infección disminuye radicalmente. Propuso un protocolo para el cateterismo vascular, que, como hemos mencionado en la primera parte del capítulo, es la intervención con mayor riesgo.

Entre las medidas de la lista, destacan la higiene de manos con alcohol, la clorhexidina alcohólica como antiséptico cutáneo, la bata transparente para el paciente o el cambio del punto de inserción del catéter. En cuanto a este último punto, acceder a la femoral desde la ingle conlleva un mayor riesgo puesto que es una zona de mayor cantidad y diversidad de microorganismos.

Otro protocolo de éxito lo encontramos en el Hospital Universitario de Bellvitge, donde una modificación en el protocolo de craneotomía ha reducido el porcentaje de infecciones del 15% al 2%.

En conclusión, una gran proporción de estas infecciones son evitables con buenas y seguras prácticas. Y, obviamente, este capítulo no debe entenderse como un ataque al personal sanitario ni a la seguridad de nuestros hospitales.

Capítulo 35.
La Revolución Verde

La modificación de las distintas variedades vegetales con el fin de producir un beneficio al ser humano es una larga historia que comenzó hace miles de años. Con el fin de comprender cómo hemos llegado a las técnicas de manipulación de genomas actuales, realizaremos una vista hacia atrás para conocer este proceso evolutivo de la mano del hombre.

Las evidencias nos dicen que la agricultura surge en el Holoceno, hace unos diez mil años. Aparece primero en el Medio Oriente, después en China y más tarde en Mesoamérica, los Andes y la Amazonia. Finalmente, culmina en el Este de los Estados Unidos. Se sabe que la adopción de la agricultura fue un proceso paulatino y que pudo surgir independientemente en cada uno de los sitios mencionados.

Las presiones poblacionales y cambios en el clima han sido los principales detonantes para la iniciación del sedentarismo y la domesticación de las plantas. La agricultura es un proceso productivo en el cual están involucrados tanto el cultivo como la domesticación de plantas. La domesticación se define, por tanto, como un proceso de selección genética continúo ejercida por los humanos que genera cambios morfológicos, fisiológicos y genéticos.

Este manejo agrícola generalmente incluye alguna forma de manipulación del ambiente para controlar variables, como cantidad de nutrientes, humedad, luz, temperatura, competidores, depredadores y otros factores ecológicos, con el fin de asegurar la disponibilidad de recursos vegetales para el consumo humano.

La selección artificial está encaminada a diseñar y crear organismos que satisfagan los requerimientos humanos y que puedan crecer en ambientes creados por el hombre. Las plantas que tienen ya un grado avanzado de domesticación, por norma general, dependen del hombre en gran medida para sobrevivir y reproducirse. Estos cuidados incluyen la erradicación de competidores, la fertilización, podas y la protección contra depredadores, heladas, etc.

El acceso al agua es uno de los principales factores limitantes. En 2025 podrían ser 3000 millones de personas las que carecieran de agua para usos esenciales, por lo que es iluso pensar que se puedan seguir ampliando indefinidamente los regadíos. Además, ya se está utilizando casi todo el terreno cultivable sometido a régimen de lluvias. La irrigación ha causado daños ambientales, principalmente por acumulación de sales tóxicas en terrenos mal drenados. Los futuros proyectos de irrigación serán cada vez más caros, hasta que sean económicamente inviables. Para 2025, casi 40 países tendrán serios problemas de aprovisionamiento de agua.

Así, la Revolución Verde está dando síntomas de haber llegado al final, dado que las variedades de dicho movimiento están llegando al límite de su productividad.

La innovación tecnológica será clave en esta tarea, y

dentro de ella, será necesario lograr una nueva revolución, entendiendo por tal nuevas maneras de aprovechar el potencial de los genomas vegetales y de otros organismos para aumentar la producción de alimentos sin dañar el ambiente.

La agricultura del futuro debe ser compatible con los ideales de la agricultura ecológicamente sostenible, pero teniendo claro que para el año 2030 habrá que alimentar a más de 7000 millones de personas. Las previsiones de cambio climático indican que vastas áreas del globo serán más propensas a condiciones ambientales aberrantes. La próxima frontera de cultivos agronómicos debe ser de alto rendimiento y tolerante a una multitud de tensiones, permitiéndoles así sobrevivir y producir en ambientes futuros.

Para proveer sustancialmente alimentos suficientes para el aumento de la productividad de la población, la productividad debe aumentar. Este es un desafío, dado que hay muy poco potencial para la expansión futura de las tierras de cultivo, por lo que necesitamos de la biotecnología, de los transgénicos y del CRISPR para alimentar al mundo.

Capítulo 36.
Mascotas a favor de los inmunodeprimidos

El 75% de los hogares tienen contacto con mascotas e interacciones íntimas y cercanas con ellas. Pero, aunque en la mayoría de los países tener mascotas sea tan común, existe un conocimiento limitado sobre las prácticas de contacto con ellas. Puede ser que ahora mismo estés leyendo este capítulo y tu gato ande rondando cerca de ti y, sin embargo, no tener conciencia de los riesgos que implica tener una mascota, así como de los muchos beneficios que también puede aportar.

¿En cifras? En Estados Unidos el censo cuenta con 54,4 millones de perros y 42,9 millones de gatos y otros muchos millones de animales de acuario, pájaros, reptiles y caballos. En Europa, 66 millones de gatos seguidos, por 61 millones de perros. España, concretamente, cuenta con casi 20 millones de mascotas que se reparten en el 40% de hogares, teniendo en cuenta sólo aquellos que están censados.

Como hemos visto a través de los números, los animales forman parte de nuestra vida y sociedad. Y por si su compañía no pudiera ser suficiente para muchos, pueden tener además otras contribuciones sociales, sirviendo de guía, incrementando la actividad física de sus propietarios, mejorando su salud física y mental, reduciendo el gasto en salud… Por ejemplo, en Australia se estimó un ahorro de 175 millones de dólares anuales si los propietarios de perros salieran con sus perros a pasear durante 30 minutos cada día.

Del griego "zoion", que significa "animal", y "hygeia", que significa salud, se construye la palabra "zooeyia", que, en contraposición al concepto de zoonosis (enfermedades procedentes de animales), recoge los efectos positivos de los animales sobre la salud pública.

Los pacientes inmunocomprometidos son aquellos que presentan un sistema inmune alterado y son susceptibles de adquirir infecciones, ya sea por tener defectos inmunológicos congénitos o adquiridos o por estar recibiendo tratamientos inmunosupresores. Un estudio de los Estados Unidos muestra que el 20% de la población tiene algún tipo de inmunosupresión.

A priori, podríamos pensar que sería recomendable que un paciente inmunocomprometido no tuviera mascotas por el riesgo de zoonosis que pueda llegar a existir. Aunque lo cierto es que para la mayoría de los riesgos que tiene el paciente inmunocomprometido de adquirir una zoonosis, las recomendaciones carecen de evidencia obtenida de un metaanálisis o de al menos un estudio randomizado controlado o no randomizado con resultados de laboratorio.

Sin embargo, suele pasar que el médico (normalmente no informado) recomienda prescindir de la mascota, ignorando los riesgos reales y los beneficios del contacto con la misma. Si a esto sumamos la comunicación insuficiente entre médicos y veterinarios, a pesar de trabajar por un propósito tan similar (si no el mismo), obtenemos como resultado recomendaciones ilógicas y que generan confusión en el paciente.

En realidad, para una práctica más adecuada, un médico debería atender también al historial de contacto con mascotas u otros animales y al estado de salud de éstos, ayudándose de una lista de diagnósticos diferenciales. Por tanto, lo ideal no es convertir a la mascota en culpable de los males de algunos pacientes sino investigar si ese riesgo es real, puesto que en algunos de estos casos podría ser incluso beneficioso.

Si algo ha quedado claro es que las lagunas de conocimiento son muchas y graves. Las recomendaciones existentes de contacto con mascotas se basan en datos relativamente limitados, por lo que se necesitan estudios que cuantifiquen los riesgos de enfermedad atribuibles a las mascotas.

Los diseños de estudio observacional combinados con pruebas moleculares y métodos de tipificación serán útiles para identificar la proporción de enfermedades infecciosas humanas de las que es responsable el contacto con las mascotas. Y, es que, las encuestas sugieren que la mayoría de los veterinarios y médicos no discuten regularmente los riesgos de enfermedades zoonóticas con clientes, pacientes ni entre ellos.

En conclusión, existe una necesidad de información accesible sobre enfermedades zoonóticas para el público general, con esfuerzos adicionales realizados por personal veterinario y de salud pública.

Capítulo 37.
¿Por qué son rosas los flamencos?

Los flamencos (*Phoenicopterus*) son aves que se distribuyen tanto por el hemisferio occidental como por el oriental. Pertenecen a la misma familia que las cigüeñas, garzas e ibis. Existen 6 especies de flamencos y estos son encontrados en lagos, lagunas costeras, estuarios, marismas, zonas de manglares y llanuras de marea. Su hábitat ideal es aquel rodeado de aguas saladas, salobres y alcalinas de poca profundidad.

Estos animales se alimentan mediante la filtración de crustáceos y algas, gracias a sus picos adaptados para separar el barro de la comida. Comer este tipo de alimentos ayuda a mantener el agua limpia, por lo que también desempeñan una importante función ecológica. La filtración de alimento se realiza mediante unas estructuras filamentosas llamadas lamelas, unas pequeñas láminas que están en las mandíbulas y a través de una lengua áspera y grande que poseen.

Los flamencos son animales fascinantes, tanto que se han convertido en el animal de "moda". Y no es de extrañar: uno de sus atributos más llamativos es su pintoresco color rosado, debido a su alimentación rica en beta-carotenoides. De hecho, las crías de flamenco salen del cascarón con el plumaje totalmente blanco, pero las plumas del adulto son de color rosa luminoso debido al consumo de carotenoides presentes en su alimento. El flamenco más rosado es el más deseable como pareja, "el más ligón". En cambio, un flamenco blanco o pálido está generalmente enfermo o sufrido de falta de comida.

Los flamencos pasan una gran parte del día acicalándose, con un aceite natural que se produce en una glándula ubicada en la base de la cola, cubriendo por completo el plumaje que les brindará una protección impermeabilizante. Aunque son muy buenos nadadores, son capaces de volar, pese a que se piense lo contrario. Vuelan, pero son unos "voladores tímidos" ya que solo lo hacen en las noches y es por eso que no los vemos en acción.

A su vez, presentan la habilidad para dormir sobre una sola pata y cambiar a la otra sin despertarse. Se piensa que el objetivo radica en conservar el calor, ya que minimizan la superficie de contacto con el agua.

¿Pero por qué motivo os hablo de los flamencos? Atención, que ahora viene la guinda del pastel. Los flamencos alimentan a sus crías con una "leche" similar a la de las palomas (llamada leche de buche) y estos trabajan de manera conjunta para que esta leche, que se produce en el tracto digestivo de estas aves (resultando en un fluido de color rojo), llegue de una forma segura a la boca de su polluelo. Las crías son alimentadas con este producto durante unos dos meses, hasta que su pico está suficientemente desarrollado para filtrar el alimento.

Pero, a ver... ¿Los mamíferos no eran los únicos que podían dar leche? Me estoy liando, que me devuelvan el dinero de la carrera. Bueno, sí y no. Este es el caso de la leche de buche, secretada comúnmente por las palomas (caso más conocido). Esta sustancia, se genera en el revestimiento epitelial del buche, tanto de los machos como de las hembras, y se regurgita para alimentar a los polluelos.

Dicha leche está compuesta de células ricas en proteínas y grasas del revestimiento del cultivo, que es parte del canal alimentario donde se almacenan los alimentos antes de la digestión. Es muy rica también en antioxidantes y factores estimulantes del sistema inmunitario; por lo que, al igual que la de los mamíferos, supone un alimento muy completo para que los pájaros crezcan hasta poder alimentarse por sus propios medios.

Aunque este fenómeno se ha estudiado principalmente en palomas, también se conoce que pueden producirla otras especies aviares, como los flamencos o los pingüinos emperadores; aunque, en el caso de los flamencos, solo la generan los machos. Pero ¿me estás diciendo que las aves producen leche y que encima en este caso los machos? Adiós universidad.

Pues sí, la leche de buche, a diferencia de la leche materna de los mamíferos, puede ser producida por ambos géneros de aves en varias especies. Sin embargo, en este caso es únicamente el macho quién lo hace. Muchos científicos han investigado las propiedades de esta leche y descubrieron que es muy rica en carotenoides. Esto explica el color tan rojo que tiene, similar a la sangre. Así que tranquilos y continuad amando a los flamencos, siguen siendo unas aves maravillosas.

Capítulo 38.
La importancia de dormir bien

Los seres humanos pasamos, aproximadamente, un tercio de nuestras vidas durmiendo, pero ¿para qué sirve dormir? Pues... aún no lo tenemos tan claro.

Según una investigación del grupo de Allan Rechtschaffen, las ratas totalmente privadas de sueño mueren en dos o tres semanas. Por razones obvias, estos experimentos no se han llevado a cabo con humanos, pero un estudio de 2014 publicado en The Journal of Neuroscience encontró que sólo 24 horas de privación del sueño provocan que las personas sanas tengan alucinaciones y otros síntomas similares a la esquizofrenia.

Uno de los motivos por los que es difícil estudiar por qué dormimos es que el sueño es bastante difícil de aislar y analizar. Los estudios de privación del sueño son la forma más común de estudiar el sueño, pero privar a un animal del sueño interrumpe muchos de sus sistemas biológicos. De esta forma, es difícil saber qué resultados son directamente atribuibles a la privación del sueño en lugar de al propio estrés generado por la situación.

Otra de las dificultades para analizar el sueño son sus fases, las cuales se dividen en cinco. Durante una noche normal este ciclo de 5 fases (2 fases principales y 3 subfases) se repite continuamente y, dependiendo de la fase en la que nos despertemos, nos sentiremos más o menos descansados.

La primera fase es la Fase No-REM, que se divide en 4 subfases:

- Fase I. Es una fase de transición entre la vigilia y el sueño, en la que el sujeto es consciente y capaz de reaccionar a los estímulos del entorno.
- Fase II. En esta fase el sujeto está profundamente dormido, aunque no tenga consciencia de ello si se despertase. En esta fase encontramos un electroencefalograma con ondas theta.
- Fases III y IV. Es la fase del sueño donde el descanso es reparador, en la que se consolidan aprendizajes. En esta fase encontramos ondas delta muy sincronizadas.

Durante esta fase No-REM liberamos hormona del crecimiento. Además, aumentan la síntesis de proteínas a nivel cerebral y la activación de genes relacionados con la síntesis proteica.

Finalmente, encontramos la fase REM, denominada así por Rapid-eye-movement (movimiento rápido de los ojos). Esta fase rompe con todas las demás en tanto que los patrones de actividad cerebral dejan de ser lentos y sincronizados, siendo muy parecido al patrón de disparo que encontraríamos en el encefalograma de una persona totalmente despierta.

En esta fase, además, disminuye el tono muscular, excepto en los ojos (de ahí que se produzcan estos movimientos oculares rápidos), y es en la fase en la que somos capaces de soñar: si nos despertamos en esta fase recordaremos el sueño. Además, es en esta fase donde se produce la parálisis del sueño, en la que estamos "despiertos" pero somos incapaces de mover ningún músculo.

Dormir es necesario, y parece ser que los principales efectos de la falta de sueño se manifiestan en el cerebro, aunque la privación del sueño afecta al sistema inmunológico y altera los niveles hormonales en el cuerpo. Hay algunos estudios en neuronas en los que se plantea que las redes neuronales que se forman a partir de neuronas en cultivo muestran etapas de actividad e inactividad que se asemejan a los patrones de vigilia-sueño, lo cual servirá para orquestar toda la red neuronal en una sola actividad: o todas "duermen" o todas están "despiertas".

Esto podría explicar por qué incluso los organismos más simples muestran comportamientos similares al sueño, como *Caenorhabditis elegans*, un pequeño gusano con sólo 302 neuronas, que presenta períodos tranquilos y letárgicos. Esto podría ser un proceso evolutivo, de manera que a medida que los organismos fueron siendo más complejos también empezó a serlo su patrón de inactividad.

Pero esto no explica qué pasa cuando dormimos. Para dar respuesta, existen varias teorías. Una de ellas propone que el sueño restaura la energía del cerebro, ya que durante el sueño No-REM, el cerebro consume sólo alrededor de la mitad de la glucosa que cuando la persona está despierta (la glucosa es el azúcar que las células queman para liberar energía). Sin embargo, durante el sueño, el consumo de glucógeno no es homogéneo en todo el cerebro. ¿El motivo? Aún no lo sabemos.

Otra teoría es que el sueño podría permitir al cerebro eliminar los productos tóxicos producidos durante la etapa de vigilia, donde las células gliales jugarían un papel muy importante. Pero, la teoría más prometedora hasta ahora es que el sueño juega un papel fundamental en la conectividad y plasticidad del cerebro.

La plasticidad, como ya hemos comentado en otros capítulos, participa en el aprendizaje y la memoria. Actualmente, existe mucha evidencia que apoya esta teoría, añadiendo que el sueño favorece la formación de la memoria a largo plazo. Además, se cree que el sueño podría estar implicado también en los procesos de olvido a través de remodelación sináptica (plasticidad). Y tú, ¿olvidas o memorizas cuando duermes?

Capítulo 39.
¿Por qué se le llama la peste negra?

China confirma un caso de peste bubónica en la parte interior de Mongolia, aunque este titular no es de extrañar, ya que todos los años aparecen casos en países como Madagascar, Perú y la República Democrática del Congo. La peste bubónica, también llamada 'peste negra', mató a 50 millones de personas en un brote del siglo XIV en Europa y aproximadamente 12 millones a nivel mundial en el siglo XIX. Afortunadamente, tenemos tratamientos, ya que esta puede tratarse con antibióticos.

Yersinia pestis es una bacteria que no tiene nada de inocente: se trata de una asesina en serie. Este microorganismo ha sido responsable de más muertes humanas que cualquier otra enfermedad infecciosa (exceptuando la malaria).

A su vez, ha originado diversas pandemias a lo largo de la historia, entre las que cabe destacar: la plaga de Justiniano (541-542 d. C.), que debastó Asia, el norte de África, Arabia y parte de Europa; la peste negra (1347-1351 d. C.), que acabó con la vida de un tercio de la población de Europa (la más conocida, ya que causó la muerte de 50 millones de personas, tal y como destaca la OMS); y la Tercera Pandemia (1855-1918), que comenzó en China e India y terminó por extenderse por el resto de Asia, África y América.

La peste se propaga normalmente a través de una pulga infectada (que pica a una persona) o cuando materiales contaminados con el patógeno ingresan a través de una herida en la piel de una persona. También se contagia por gotículas. Esta asesina no trabaja solo: involucra un ciclo de roedores y pulgas (sus secuaces).

Pero... ¿por qué es tan mortal? *Yersinia pestis* es una enterobacteria, bacilo Gram negativo, anaerobio facultativo y patógeno primario que produce en el ser humano la peste pulmonar, la peste septicémica y la peste bubónica. En esta última, las bacterias han sido introducidas mediante la mordida de una pulga y se desplazan por el torrente sanguíneo hasta los nódulos linfáticos, donde generan bultos llamados bubones.

Los nódulos linfáticos periféricos se ven invadidos por bubones secundarios, hasta que se rompen y las células pasan de nuevo al torrente circulatorio, pero ahora en un número mucho más elevado, lo que causa una septicemia generalizada. A su vez, se producen múltiples hemorragias que dan lugar a manchas negras sobre la piel, procesos de gangrena en los extremos distales de las extremidades, fuerte dolor en nódulos linfáticos, postración, shock y delirio.

Si la peste no es tratada antes del estado septicémico, la muerte sobreviene al cabo de 3-5 días. Aunque, en determinados casos, puede sobrevenir incluso tras las 18 horas de desarrollarse la enfermedad. Y, como has podido adivinar, las manchas características en la piel son las responsables de su apodo "la peste negra".

¿Y qué la hace tan buena asesina en serie? Esta bacteria, para más inri, presenta unos antígenos VW y F1, cuya función es evitar la fagocitosis por parte de los macrófagos. Las cepas virulentas secretan una exotoxina murina (que inhibe la respiración celular, bloqueando el transporte de electrones en las mitocondrias, en la coenzima Q) y, por si fuera poco, produce una endotoxina muy inmunogénica.

Para su diagnóstico, se recogen muestras de sangre, esputos o aspirado ganglionar y se realizan técnicas de inmunofluorescencia directa (IFD) y cultivos en un medio de agar-sangre a 28 °C y hemocultivo. A la hora de tratar la enfermedad, la mayoría de las cepas son sensibles a la estreptomicina, cloranfenicol y tetraciclinas (también presentan sensibilidad a gentamicina y doxiciclina), pero presentan resistencia natural a la penicilina. Si el tratamiento se inicia rápidamente, la mortalidad de la peste bubónica puede reducirse hasta el 1-5 % de los infectados.

La peste neumónica y septicémica suelen progresar tan rápidamente que los antibióticos suelen llegar demasiado tarde. *"La peste, me vacuno"*. Todos hemos oído esas palabras alguna vez, jugando cuando éramos niños. Pero no hay evidencia suficiente para evaluar la eficacia de alguna vacuna contra la peste o la eficacia relativa entre las vacunas y su tolerabilidad. No parece haber evidencia de los efectos a largo plazo de ninguna vacuna contra la peste.

La peste no es una enfermedad de la Edad Media, también se da en la actualidad, pero de forma más inusual. Se transmite por las pulgas y está relacionada con la infestación de las ratas. Como decíamos, la vacunación no es eficaz: únicamente existen vacunas para uso exclusivo del personal de laboratorio que trabaja con la enfermedad.

En épocas anteriores a la teoría microbiana, los médicos creían que la peste se diseminaba por medio de aire envenenado que podía crear un desequilibrio en los humores o fluidos corporales de las personas. Se creía que los perfumes acres y dulces eran capaces de fumigar las zonas azotadas por la peste y proteger a quienes los respiraban. Los ramilletes, el incienso y otros perfumes eran comunes en esa época.

Los médicos de la peste llenaban sus máscaras con triaca, un compuesto con más de 55 hierbas y otros componentes como polvo de carne de víbora, canela, mirra y miel. Por eso utilizaban esa máscara tan característica, para colocar "el perfume" en el pico de la máscara, proporcionando al aire tiempo suficiente para embeberse de las yerbas protectoras.

Capítulo 40. Esquizofrenia

La esquizofrenia es un síndrome conductual y cognitivo complejo y heterogéneo que parece originarse por la interrupción del desarrollo cerebral, causada por factores genéticos y/o ambientales. La esquizofrenia se caracteriza por una psicopatología diversa. Las características principales son síntomas positivos (delirios y alucinaciones) y síntomas negativos (motivación alterada, reducción del habla y retraimiento social), que se deben a una disminución de la dopamina. A pesar de todo, dichos niveles de dopamina no se pueden utilizar para detectar esta enfermedad.

Las alucinaciones son percepciones de la realidad que no existen. Las alucinaciones típicas de la esquizofrenia son auditivas. Al hacer una resonancia magnética de una persona con esquizofrenia, se le pide que cuando escuche esas voces, pulse un botón. De esta manera, se comprueba que, cuando pulsan el botón, se activan los lóbulos temporales auditivos del cerebro, dado que realmente está escuchando esas voces (esta activación suele ser bilateral, aunque más pronunciada en el lado izquierdo). También se activan regiones asociadas al pensamiento.

La hipótesis más plausible es que estas personas carecen completamente la capacidad de tener conciencia de su propio pensamiento y no saben que las voces que escuchan son… eso mismo: su propio pensamiento. Aun así, hay un porcentaje pequeño de personas esquizofrénicas que tienen alucinaciones visuales.

Los delirios son lo que se conoce como "salirse del surco". Estas personas tienen pensamientos que están fuera del surco socialmente aceptado, además de que están completamente convencidos de los mismos. Suelen ser ideas raras monotemáticas. Existen dos extremos opuestos: en uno de ellos están los llamados prejuicios (piensas que tu novia te está poniendo los cuernos porque lleva una falda corta) o las ideas descabelladas (crees que la mafia italiana te sigue porque vas a cruzar la calle y de repente todos los semáforos se ponen en rojo y no te dejan cruzar).

Actualmente, no hay biomarcadores para diagnosticarla y debe ser el especialista quien pregunte ante un posible delirio "¿y tú por qué lo sabes?". El perfil característico de una persona con esquizofrenia es: deterioro máximo de la memoria, de la atención y de la función motora; relativa preservación del aprendizaje y de las habilidades visuales perceptivas.

Sabemos que la mayoría de pacientes con esquizofrenia tienen un déficit cognitivo. Aun así, un 20% no lo posee, por lo que la esquizofrenia no se asocia a CI bajos. De hecho, John Nash fue Premio Nobel por su teoría del juego y era esquizofrénico. Por otro lado, Nijinsky es un famoso bailarín de ballet que rompe con los esquemas del neurodesarrollo: no es torpe motoramente y, con 26 años, presentó un episodio psicótico que terminó en esquizofrenia.

El primer episodio de psicosis generalmente ocurre al final de la adolescencia o al comienzo de la edad adulta, pero con frecuencia está precedido por una fase prodrómica o "estado mental de riesgo" y, en algunos casos, las alteraciones premórbidas en la cognición y/o el funcionamiento social se remontan muchos años atrás. Sin embargo, en otros casos, el inicio es repentino en individuos que anteriormente "funcionaban" bien.

En la población normal, el riesgo de sufrir esquizofrenia es de 1%, lo que significa que 1 de cada 100 nacimientos desarrollará la enfermedad entre los 26 y 40 años. Desde hace mucho tiempo se sabe, por estudios epidemiológicos genéticos, que existe una contribución sustancial, pero no exclusiva, de factores genéticos a la etiología de la esquizofrenia. Lo que ha cambiado recientemente es que, gracias a los estudios genómicos a gran escala, la contribución de variantes específicas a nivel de ADN ha aumentado y estamos comenzando a tener una idea más clara de cómo los alelos de riesgo de diferentes tipos contribuyen a la enfermedad.

Un dato muy interesante es que la esquizofrenia está asociada con una fecundidad reducida, lo que está llevando a pensar que los alelos que confieren un alto riesgo individual son raros en la población, debido a los efectos de selección natural, mientras que aquellos que confieren pequeño riesgo individual pueden volverse comunes debido a la deriva genética o selección equilibrada.

Actualmente, existen diferentes hipótesis de por qué se produce la esquizofrenia. Una de ellas es el abuso de drogas que actúan sobre la producción de dopamina, ya que drogas como la cocaína (inhibe la recaptación de dopamina), anfetamina (disminuye la recaptación) cannabis (THD) y la L-DOPA (tratamiento del Parkinson) aumentan el riesgo de sufrir esta enfermedad (dado que un exceso de dopamina aumenta los síntomas psicóticos).

El consumo de cannabis duplica el riesgo de desarrollar psicosis en personas vulnerables. Incluso existe una relación con respecto a la dosis utilizada y la edad del primer uso. También se han descrito interacciones genético-ambientales que modulan la asociación entre el consumo de cannabis y la presencia de psicosis.

La comprensión actual de la neurobiología de la esquizofrenia sigue siendo en gran medida incompleta. Hay pruebas contundentes que implican la disfunción de la neurotransmisión dopaminérgica en la génesis de los síntomas psicóticos, así como evidencia que implica anormalidades de la señalización de glutamato que podrían ayudar a explicar los síntomas negativos y cognitivos.

Existe alguna evidencia que vincula áreas específicas del cerebro con disfunciones cognitivas específicas (deterioro de la memoria de trabajo), pero la evidencia también apunta a una participación generalizada y variable de otras áreas y circuitos cerebrales. Estos hallazgos son consistentes con la evidencia de la genética y la epidemiología de que, al menos en una proporción de casos, los orígenes de la esquizofrenia se encuentran en la interrupción genética y/o ambiental del desarrollo cerebral temprano.

Actualmente, la investigación farmacológica en cuanto a la esquizofrenia tiene varias vías abiertas. Hay muchos fármacos centrados en la vía de la dopamina, algún fármaco centrado en la vía de la serotonina (5HT2A) y la vía del glutamato es muy prometedora, pero no se han obtenido hasta la fecha resultados positivos en ensayos clínicos en humanos.

Capítulo 41.
¿Por qué se arrugan los dedos?

No sé qué me impresiona más, si la ingente cantidad de procesos que me rodean y no comprendo o pasarme la vida conviviendo con ellos sin saber por qué suceden. Te propongo un ejercicio. Sería una locura pedirte que te mantuvieras siempre consciente sobre todo lo que pasa a tu alrededor y que, de todo eso, investigaras aquello que todavía no comprendieras.

Por eso, te propondré algo más sencillo. Haz un repaso de tu día y anota al menos una cosa. Algo que no sepas por dónde coger. Algo cuyo sentido desconozcas. Puede ser, por ejemplo, por qué tus pedos son muy ruidosos al despertar.

En mi caso, el otro día fui a la playa. Estuve bañándome un buen rato. Adivinad qué pasó. Exacto. Lo sabes. Lo sabes porque a ti también te pasa. Te ha pasado desde que viniste al mundo y siempre que pones tu piel a remojo. De hecho, cuando naciste, parecías una pasa. Y, sin embargo, ¡perteneces a ese gran porcentaje de la población que no ha investigado por qué se le arrugan las manos en el agua! Ya te digo, lo fuerte no es que se te arruguen. Lo fuerte es que, después de tantos años, todavía no te hayas preguntado por qué.

Cuando a uno se le arrugan los dedos, generalmente se hará dos preguntas: cómo y para qué. Es decir, mediante qué proceso biológico y con qué propósito biológico.

Algunos equipos de investigación han abordado estas cuestiones. Durante mucho tiempo ha predominado la idea de una "inflamación osmótica". A través de las membranas celulares, el agua se desplaza entre los dedos y el medio hasta el punto de equilibrio de concentraciones. Pero no todo es siempre tan sencillo. Estudios médicos demostraron que eliminar o cortar ciertos nervios evitaba la aparición de dichas arrugas. De hecho, la reacción de arrugarse fue sugerida como una forma de determinar si el sistema nervioso simpático estaba intacto y funcionaba correctamente.

Actualmente, hay estudios que atribuyen las arrugas que aparecen en nuestros dedos mientras estamos en el agua a la vasoconstricción causada por el frío. En estas condiciones, el estrechamiento de los vasos sanguíneos va sucedido de una reducción del volumen de las yemas, formándose así crestas que se asemejan a arrugas y canalizan el agua hacia fuera de la superficie del dedo. Se comparan los dedos con neumáticos de lluvia.

Aunque, si ésta fuera una respuesta al frío, el organismo no debería responder de igual forma ante un baño de agua caliente. Y, sin embargo, sí lo hace. Cuando descansamos en la piscina caldosa de un spa, el resultado es el mismo. Entonces, ¿sigue siendo la vasoconstricción la explicación a esta cuestión?

Estudios más recientes han pretendido demostrar cuánto mejor era la adherencia de las yemas a distintos objetos en condiciones de humedad. Mientras que algunos de ellos muestran una asociación entre arrugas y agarre a objetos, otros muestran que no es significativa.

Pero quizás esta medición no sea la mejor. Algunos científicos proponen experimentos en los que no se evalúe la capacidad de atrapar objetos empapados sino la capacidad de apoyar el propio peso corporal sobre superficies mojadas. Esta característica pudo haber sido en el pasado una habilidad ventajosa para los individuos recolectores que se desplazaban sin ropa ni zapatos por espacios donde el agua estaba muy presente.

Si existe la posibilidad de que el desempeño de las manos y los pies fuera mejor cuando están arrugados, uno podría preguntarse por qué no siempre presentan esa configuración. Aunque pudiera mejorar la calidad del desplazamiento en condiciones de humedad, es cierto que la vulnerabilidad al daño también es mayor. Además, se reduce la sensibilidad de las yemas y esto podría acarrear una peor ejecución en otras condiciones.

En cualquier caso, en ningún momento hablo de adaptaciones. Este capítulo es una recopilación de lo que hasta ahora se ha venido estudiando, probando y descartando. Las preguntas que la aparición de arrugas suscita todavía requieren de más investigación.

Capítulo 42.
¿Qué es eso? Eso es queso

Tengo un problema bastante grande: NO ME DAN ASCO LOS PIES.

Podría autoconvencerme de lo contrario: "ni te rayes, tío, el problema lo tienen los asquerosos". Pero, claro, si los asquerosos son la mayoría... Entonces el rarito soy yo. En verdad lo soy. Imagínate a un tío en pijama en el salón de su casa, sudando la gota gorda en pleno agosto y escribiendo sobre pies. Pues eso.

En fin, que los pies me causan mucha curiosidad. Son como manos largas, pero al mismo tiempo terminan en dedos generalmente chiquitines. Hasta aquí la introducción. Ya sabes de sobra cómo es un pie.

Como has podido leer en otros capítulos, aquí tocamos temas complejos como la esquizofrenia o el enamoramiento, así como otros más "comunes" como el actual: por qué los pies huelen a queso.

Simplificando bastante podríamos decir que el mal olor de los pies puede tener tres orígenes:

- Primeramente, la FALTA DE HIGIENE (y lo pongo en mayúsculas para que algunos y algunas tomen nota). Básicamente, quiere decir que los pies te huelen mal porque eres una persona un poco guarra.

- Segundo, un exceso de sudor. Existen moléculas odoríferas contenidas en alimentos como la cebolla o el ajo, en sustancias tóxicas como el tabaco y en fármacos como los antidepresivos. Éstas se vierten al exterior a través de las glándulas sudoríparas produciendo olores muy particulares. Cuanto más sude un pie, más intenso será su perfume. Y las razones que explican un sudor abundante son: un calzado inadecuado, cambios hormonales asociados a la adolescencia y a la pubertad, padecer estrés y ansiedad o sufrir algún tipo de alteración en las mismas glándulas.

- Tercero, los microorganismos que viven sobre la piel. Estos generan ciertas sustancias capaces de originar un gran impacto en nuestras pituitarias.

De los microorganismos que pueden habitar nuestra piel, los hay buenos y malos. Por un lado, disponemos de los que constituyen nuestra propia flora cutánea, los buenos; por otro lado, podemos disponer de los que nos han infectado, los malos. En ambos casos, buenos y malos, los microorganismos utilizan ciertos recursos y, a través de distintas rutas metabólicas, producen compuestos que excretan al medio.

Así pues, nuestros pies pueden oler a queso, a amoníaco o a otras sustancias como el vinagre. Esto dependerá de cuál sea la proporción en la que cada especie se encuentre.

Como estoy un poco cansado del tema infecciones, me centraré en los olores producidos por las poblaciones bacterianas autóctonas de nuestra piel. *Propionibacterium acnes* ronda las glándulas sebáceas y produce un metabolito denominado ácido propiónico, muy similar al ácido acético que tanto conocemos. Por eso, tus pies, a veces, pueden recordarte al vinagre.

El género *Brevibacterium* es algo más versátil: así como genera metanotiol y, en consecuencia, olor a azufre, también puede liberar ácido isovalérico y recordarte al queso. Otra bacteria presente en la piel que produce ácido isovalérico es *Staphylococcus epidermidis*.

¿Que por qué te recuerda al queso? Porque estas bacterias son primas hermanas de algunas de las que se utilizan en los procesos de fermentación del lácteo.

¿Sabías que se ha fabricado queso con bacterias procedentes de los pies de David Beckham? Sí, a esta idolatrada estrella del fútbol también le huelen los pies. Mira por dónde, ¡ya os parecéis en algo! (aunque no creo que nadie vaya a fabricar un queso con tu flora, ni mucho menos a pagar por él).

No he realizado ninguna encuesta, así que, aunque sé que es arriesgado, voy a lanzarme a la piscina. Estoy convencido de que a la mayoría de la población mundial le gusta el queso. Basándome en esto, si a la mayoría de gente le gusta el queso, ¿por qué tantos de vosotros odiáis los pies? Lo sé, soy el amo estableciendo relaciones causales.

Vivimos en una sociedad cargada de repulsiones. La de los pies se llama podofobia. ¡¿Sabías que algunas personas pueden llegar a albergar esta fobia por sus propios pies?! La aversión a los pies no está siempre justificada. En los casos en que sí lo está, puede tener orígenes traumáticos como haber padecido alguna patología o psicológicos como el complejo que a veces creamos alrededor de alguna parte de nuestro propio cuerpo.

Esto es un llamamiento a todos los podófobos que estáis leyendo estas líneas: como ya sabes, los miedos se superan enfrentándote a ellos; así que puedes venir a masajearme los pies, hace mucho calor en mi salón y necesito un respiro.

Capítulo 43.
¿Cómo se fabrica el oro líquido?

La primera receta escrita de la cerveza se remonta al año 3.300 a.C., en el pueblo sumerio, la primera gran civilización de Oriente Medio, donde las mujeres se encargaban de preparar pan de cebada que dejaban fermentar en tinajas con agua, donde, pasados unos días, el líquido resultante, llamado "Sikaru" ("lo que desea la boca") era probado. La cerveza nos ha acompañado desde tiempos inmemorables.

De hecho, en la época de los faraones, adquirió una dimensión industrial: las fábricas producían hasta 4 millones de litros de cerveza (zithum) en la época de Ramsés II. Posteriormente, los griegos la dejaron un poco de lado, y los romanos no fueron menos, ya que consideraban que la cerveza era un brebaje propio de los pueblos bárbaros con los que estaban en guerra.

Ya en la Edad Media, el consumo de cerveza se desplaza hacia el norte de Europa, donde los monasterios acapararán la producción cervecera. Hoy en día, la cerveza está presente prácticamente en cualquier lugar del mundo, y cada vez surgen más tipos, sabores y aromas.

Oro líquido, el néctar de los dioses, tiene nombres mil el... la cerveza. Pero ¿cómo se fabrica esta bebida tan popularizada?

En primer lugar, tiene lugar el malteado. Durante esta fase, los granos del cereal, normalmente de cebada, se germinan de manera controlada para activar las propias enzimas presentes en el grano. Dependiendo del grado de tostado que obtengamos en esta fase conseguiremos maltas más claras u oscuras, lo que determinará finalmente el color de la cerveza.

A continuación, se muele el grano de cereal y se mezcla con agua a diferentes temperaturas y tiempo para que el almidón se convierta en azúcares fermentables, hasta conseguir el mosto cervecero, donde el agua constituye entre el 85-90% de la cerveza final.

Tras la maceración se separa el mosto líquido de los restos de malta, filtrándolo mediante una cuba de filtro o un filtro de prensa, en la que la parte sólida -llamada bagazo- no se desaprovecha, sino que se utiliza para alimentación animal. Seguidamente, el mosto se lleva a ebullición para conseguir el amargo y aroma característico de la cerveza y que dependerá del lúpulo utilizado.

Durante esta etapa, también se eliminan olores indeseables y se esteriliza el mosto. Este proceso suele durar una hora dependiendo del tipo de cerveza que se esté elaborando. A continuación, se centrifuga el mosto.

La siguiente etapa es la fermentación, el proceso más crítico de todos. Una vez que el mosto se enfría, se airea para sembrar la levadura. Durante esta fase de fermentación se transforman los azúcares fermentables en alcohol y $CO2$. Cada variedad de levadura tiene un efecto diferente en el sabor de la cerveza. Generalmente, se utilizan dos grandes familias de levaduras: lager y ale ¿os suenan?

Finalmente, el líquido resultante se madura a bajas temperaturas para que el sabor y los aromas obtenidos se estabilicen y se consiga el punto justo entre los diferentes matices.

A diferencia del vino, que como decía Estopa, con los años mejora, la cerveza no suele envejecer bien. Aun así, en 2020, investigadores del sector público-privado chino publicaron en el Journal of Agricultural and Food Chemistry el desarrollo de una levadura lager genéticamente modificada para producir moléculas que protegen la cerveza contra el envejecimiento, lo que mejora la estabilidad del sabor.

Pero, la ingeniería genética no solo nos proporciona cervezas que conservan sus propiedades durante períodos más largos de tiempo. También puede reducir el impacto ambiental que supone la producción de cerveza.

Como ya hemos explicado anteriormente, la cerveza se elabora principalmente a base de cebada y lúpulo. Junto con las cantidades masivas de agua y energía utilizadas en el proceso de elaboración, el crecimiento de estos cultivos tiene una huella ambiental considerable. Se calcula que para la fabricación de cada cerveza se necesitan aproximadamente a 24 litros de agua. Todo esto sin mencionar todas las emisiones de gases que supone su transporte.

El grupo de Keasling consiguió modificar genéticamente, mediante CRISPR, las levaduras utilizadas en el proceso de fermentación de la cerveza para crear una cerveza de lúpulo "Libre de lúpulo", en la que es la propia levadura la que proporciona los aromas y sabores característicos de éste. Estas nuevas levaduras supondrían una disminución en la huella ambiental y, además, no necesitarían etiquetas o regulaciones de OGMs. ¿Te atreverías a probarla?

Capítulo 44.
Las rockstar de la ciencia: las vacunas

Siempre he pensado que la divulgación científica es mucho más que decir que la tierra no es plana, que los transgénicos no producen cáncer y que las vacunas no causan autismo. Aunque sea lo más trending.

Pero claro, que no todo sea eso no quiere decir que no sea importante ¡Claro que lo es! ¡Y MUCHO! Como cuando vas bien arreglado el día de tu graduación y tu familia te dice que estás guapísimo. Ya lo sabes (obviamente), pero siempre sienta bien escucharlo (ser tan guapo no es tan guay como los feos creen [Autoestima-Cupido.Mp3]).

En este capítulo, voy a desvelarte... ¡que las vacunas no producen autismo! VAYA, ¡QUE CHORPRECHA! Nada nuevo, ¿verdad? Pero resulta que, tras la pandemia, estas creencias (y la de que causan muchas enfermedades) están cada vez más arraigadas en la población NO científica.

¿Producen autismo las vacunas? ¿Sirven para controlarnos? ¿Son peligrosas? ¿Por qué tienen peor prensa que Osama Bin Laden? La respuesta es sencilla: porque desinformar es GRATIS e INOCUO para ti, no para los centenares de víctimas que han fallecido por creer estas mentiras y no vacunarse a ellos mismos (o mucho peor, a sus hijos). Además, las vacunas se tienen que enfrentar a su mayor enemigo: EL ÉXITO.

Hace 200 años, cualquiera hubiera firmado la situación actual. Cualquiera hubiese querido disminuir la tasa de enfermedades hasta los niveles que hemos conseguido, pero esta solución preventiva ha dado tan buenos resultados que hoy día se corre el riesgo de que se vea cuestionada. Pese a haber casi erradicado enfermedades como la polio, el sarampión y la tos ferina. El éxito se convierte en polémica y se generan bulos.

Los casos del virus del papiloma humano y la gripe pandémica son buenos ejemplos de cómo las críticas, en muchos casos infundadas, acaban teniendo más peso que una buena labor preventiva. Viéndose este éxito eclipsado también por dos estudios falsos que consiguieron hacer muchísimo ruido y sembraron la duda en millones de personas. El 0,00001% de "evidencia" pesó más que el 99,99%. Y el recurso más sencillo es banalizarlo con la gripe: *"¿Por qué se tiene que poner todos los años?"* Pues porque el virus muta, pero no me vas a creer.

La balanza riesgo-beneficio está muy presente en vacunología. La seguridad de las vacunas está demostrada y siempre se valora en primer lugar antes que su eficacia. Es cierto, que, en casos muy concretos, se puede ser más o menos laxo en la administración de la vacuna. Se ha asumido más riesgos si el resultado son miles de vidas salvadas, como con el caso de la polio en países africanos y el sarampión hemorrágico de los años 90, donde se procedió a la vacunación a menores de nueve meses (pese a no ser lo recomendable).

Un nuevo estudio, desvincula una vez más la inmunización de la vacuna triple vírica del riesgo de desarrollar autismo. Científicos analizaron a 657 niños y los compararon, los que recibieron la vacuna y los que no, determinando que la triple vírica no incrementa la probabilidad de padecerlo, ni desencadena el autismo en aquellos pequeños susceptibles de desarrollarlo. Tampoco se relacionan con ninguna enfermedad. Por cierto, el autismo NO es ninguna enfermedad y Sheldon Cooper NO es autista (se tenía que decir y se dijo).

Por desgracia, la seguridad de esta vacuna, y la de muchas otras, aun genera desconfianza entre determinados sectores de la población, hecho que limita su aceptación, pese a que hay que seguir vacunando, aunque la gravedad de las infecciones se reduzca y aunque las patologías queden arrinconadas hasta casi desaparecer.

Pero ¿y el mercurio? Pues no se ha podido demostrar que el timerosal incluido en las vacunas interfiera con el desarrollo cerebral del feto o el lactante. Tampoco se ha demostrado una relación con enfermedades, como el autismo, o con el retraso del desarrollo psicomotor.

¡AH! Pero el aluminio sí, ¿no? Nunca se ha registrado ningún efecto adverso relacionado con el aluminio existente en algunas vacunas. La cantidad de aluminio que contienen las vacunas es menor al 1% en comparación con las cantidades de este compuesto que de forma natural contienen los alimentos habituales que consumimos.

Existen pocos productos sanitarios tan vigilados y controlados por las agencias reguladoras como las vacunas. Además, más allá del beneficio probado de las vacunas en la erradicación de enfermedades, también podría beneficiarse pacientes con Alzheimer, la obesidad, adición a la nicotina y el cáncer en un futuro próximo. Entonces, ¿cuál es tu duda sobre ellas?

Capítulo 45.
¿Aprietas la boca por la noche?

¿Dices que conoces tu cuerpo? ¡Vamos, no te engañes! No tienes ni idea (yo tampoco, eh). Me atrevo a calcular que desconoces el 90%, y me quedo corto, de lo que acontece en tus carnes. Antes de tirarme piedras, te cuento cómo me he tramado este riguroso porcentaje (me encantan los estadísticos, sobre todo los que me da por calcular así a ojo).

Punto uno. Si nuestro cuerpo es tridimensional, como un recipiente (o una vasija, para los más poéticos), podemos distinguir claramente dos partes: su interior y su cubierta exterior. Qué decir de esto… De la superficie, algo sabemos; pero del interior… Raramente habrás observado más allá del reflejo de tu boca en las gafas del dentista u otros orificios capitales.

Punto dos. Dejando a un lado el interior, tampoco eres capaz de observar la totalidad de la cubierta exterior. Pues si la dividiéramos en frontal y trasera, no sería objeto de discusión que, mientras la primera la tenemos grabada a fuego en nuestras retinas, sabemos relativamente poco acerca de la segunda (bueno, hay a quien le gusta la fotografía o jugar con espejos y quizás tenga una idea más detallada de su reverso).

Punto tres (y, atención, que en éste ponemos hoy el foco). Te conoces "genial" despierto, pero ni te imaginas la de cosas que te da por hacer mientras duermes.

Bien, pues, con esta información y siendo generoso, he llegado al dato de que apenas conoces el 10% de tu cuerpo o de cómo se comporta. En anteriores capítulos, ya hemos comentado algunas curiosidades sobre ti que desconocías (véase, por ejemplo, por qué se te arrugan las manos en el agua o por qué los pies te huelen a queso).

El presente capítulo no es para menos. Haremos comentarios acerca de algo que puede estar ocurriéndote: por qué tus dientes se desgastan más cuando duermes que cuando comes (A. K. A. bruxismo).

El bruxismo es una actividad parafuncional de los músculos dedicados a funciones masticatorias. Este fenómeno consiste en el apriete y rechinamiento de los dientes, y puede ser diurno o nocturno. Si es diurno, puedes haberte percatado. Pero si, por el contrario, es nocturno, con poca probabilidad tengas constancia de estar sufriéndolo.

Aunque a lo largo de los años se ha atribuido a simples causas mecánicas, como maloclusiones, o como resultado de problemas psicológicos, como el estrés, la ansiedad o la depresión; hoy sabemos que ésta es una patología de origen multifactorial y en ella también se ven implicados complejos procesos fisiológicos. Básicamente, se pueden distinguir dos grupos de factores etiopatogénicos:

- **Factores periféricos.** Incluye todos aquellos de carácter morfológico, como la oclusión dental o la anatomía orofacial.
- **Factores centrales.** Incluye los de carácter fisiológico y psicológico. En los últimos años, la

gran mayoría de las publicaciones corresponde a factores patofisiológicos, lo que muestra una tendencia en investigación del bruxismo más cercana a un modelo biomédico-biopsicosocial que únicamente a la oclusión. Entre estos últimos destacan el consumo de sustancias que aumentan la actividad dopaminérgica, como la nicotina, el alcohol y la cafeína.

Pero ¿sabías que el bruxismo incide en gran medida en niños y adolescentes? Se han realizado estudios de prevalencia en distintos países y con niños desde 3 hasta 17 años. Y, aunque es muy variable, la cifra de bruxismo puede llegar a ser del 40% en individuos comprendidos en estas edades.

Se ha de tener en cuenta para este tipo de muestreos que, a diferencia de los adultos, muchos de los cuales duermen acompañados o tienen mayor conciencia sobre los problemas que pueden atañerles, los niños suelen dormir solos, no comparten habitación con sus padres ni disponen de la madurez suficiente para comunicar sucesos o sensaciones tan sutiles.

En cuanto al tratamiento, en lo que se refiere a factores centrales, es decir, los que no son de carácter morfológico, no hay terapia que se haya probado como efectiva para tratar esta patología. Es necesario seguir investigando para responder a todos los interrogantes que todavía suscita el origen y tratamiento de este problema, tan frecuente y al mismo tiempo tan subestimado. Como solemos decir en ciencia, *"further research is needed"*.

He inspirado esta temática gracias a comentarios que he venido escuchando de ciertas personas, las cuales hablan del ruido que otras con las que conviven hacen con los dientes. Y, por supuesto, en el comentario que mi abuela no dejaba de repetirme cuando era pequeño: "no comas chucherías, que luego te rechinan los dientes". Muchos de nosotros convivimos con el bruxismo y sabemos muy poco sobre él.

Capítulo 46.
¿Funciona eso del ayuno intermitente?

La nutrición está de moda: todo el mundo que lee 3 post en Instagram ya se considera a sí mismo como "experto en nutrición". Por lo tanto, es entendible la cantidad de bulos que corren hoy en día sobre la misma, incluso entre el personal sanitario especializado.

¿Qué formación tiene un médico sobre nutrición? Bastante poca, salvando especialistas. Entonces, ¿por qué parece que se les considera la máxima autoridad en un campo que no es el suyo? Un campo que les pertenece a los propios nutricionistas y tenemos cero profesionales en el sistema de salud ¿Lo sabías? No hay nutricionistas en el sistema de salud público y somos el único país de Europa en no incluirlos.

No es de extrañar que, entre médicos, aún exista cierto tipo de información nutricional errónea y desactualizada. Vamos con unos ejemplos: "El desayuno es la comida más importante del día", "No se pueden tomar más de 4 huevos a la semana para evitar tener el colesterol alto", "Hay que comer de 5-10 veces al día", etc. Todo lo que acabamos de leer tiene una cosa en común: ES FALSO.

La pregunta os la hago yo: ¿cuántos médicos hacen falta para hacer un plan nutricional correctamente? Ninguno, solo un nutricionista actualizado. Basta de intrusismo.

El desayuno NO es la comida más importante del día. No tiene por qué ser la comida más abundante ni es imprescindible. Así es, puedes saltarte el desayuno y estar perfectamente saludable. De hecho, algunas estrategias como el ayuno intermitente 16/8 (16 horas de ayuno y 8 horas con comida) suele realizarse saltándose el desayuno y el almuerzo, realizando como primera comida la ingesta de las 2-3 de la tarde.

Los participantes en un estudio sobre el ayuno intermitente mejoraron la tolerancia al hambre, establecieron una mejor relación con la comida e incluso aumentaron su rendimiento cognitivo. Encontramos algunos beneficios extras como el aumento de la autofagia y en algunos casos una mejor respuesta insulínica.

Numerosos estudios clínicos han revelado que seguir esta estrategia (intercalando periodos de ayuno con periodos de ingesta) fomenta la homeostasis celular, porque parece activar el denominado cambio metabólico, la adaptación biológica a periodos de escasez alimentaria. Los estudios indican que este cambio mejora la regulación de la glucemia, aumenta la resistencia ante el estrés oxidativo y disminuye la inflamación durante varios periodos. El ayuno intermitente también reduce la presión arterial, la lipidemia y la frecuencia cardíaca en reposo. Entonces, ¿realizar ayuno intermitente es la panacea?

La práctica del ayuno intermitente supone beneficios para la salud en cuanto a la obesidad, diabetes tipo 1 o 2, enfermedades cardiovasculares y algún tipo de cáncer. Pero precisa de más estudios para poder generalizar al resto de grupos de edad, ya que la mayoría se ha realizado en grupos jóvenes.

Estudios preliminares han indicado recientemente que el ayuno intermitente también aporta beneficios al cerebro. La Universidad de Toronto realizó un ensayo clínico multicéntrico, en el que participaron 220 adultos sanos, con peso normal. Los participantes siguieron una dieta con limitación calórica durante dos años y, tras someterse a una serie de pruebas cognitivas, se descubrió que su memoria había mejorado. Está claro que se necesitan más investigaciones que ratifiquen estos datos, pero, de confirmarse, podría ser una herramienta útil para prevenir la degeneración neural y la demencia senil.

Ahora bien, el ayuno intermitente no es para todos ni es la solución a todo. Algunas personas no pueden implementarlo por la adherencia al mismo que supone. Porque no les encaja en su estilo de vida o porque como hemos dicho, hay que individualizar esta herramienta.

Es necesario superar los ataques de hambre e irritabilidad que se presentan al principio de la dieta, mientras el organismo se adapta a los periodos de privación de alimentos. Aunque el organismo y el cerebro se acostumbran al nuevo hábito alimentario, por lo que estas suelen desaparecer en un periodo máximo de un mes. Para empezar, se debe incrementar las horas y la frecuencia del ayuno poco a poco, a lo largo de varios meses, en lugar de lanzarse a la dieta de golpe.

El ayuno intermitente es una herramienta que, al disminuir el número de comidas en nuestro día, permite reducir nuestra ingesta calórica de manera casi inconsciente. No hay evidencia suficiente que revele (aún) que el ayuno por sí solo mejore el perfil hormonal, composición corporal y rendimiento. Por lo que no, no es la panacea. Pero sí es una herramienta más a tener en cuenta.

Capítulo 47.
Bacterias comepetróleo

2020 será uno de los años más recordados de su siglo. Múltiples sucesos han acontecido, cada uno de ellos es más abrumador que el anterior. Pero, sin duda, el indiscutible primer puesto, el más bochornoso, hasta día de hoy, ha sido el de Miguel Bosé alzando la voz, con miles de seguidores sin mascarillas a sus espaldas, y no para cantar "seré tu amante bandido", sino para corear "bote, bote, bote, aquí no hay rebrote".

Ese mismo año, el desastre ecológico de Mauricio se sumó a la retahíla de emergencias. Como hemos visto a lo largo de la historia, sobre todo de la más reciente, un error humano o la práctica inadecuada de unas pocas personas puede traducirse en catástrofe. En este caso, se trata de una marea negra. Con este nombre se conoce a los vertidos de petróleo que tienen lugar en el mar.

La lista de antecedentes es larga. Son algunos ejemplos la explosión de la plataforma de extracción "Deepwater Horizon" en el Golfo de México o el hundimiento del petrolero "Prestige" en Galicia, con 66000 toneladas de crudo.

Esta vez fue el MV Wakashio, un granelero japonés (barco dedicado al transporte de cargas secas a granel) que viajaba de China a Brasil. Quedó varado frente a la costa sureste de Mauricio a finales de julio. No llevaba más carga que su propio combustible; pero no es poca cosa, hablamos de 4000 toneladas. El barco tenía una fractura por la que el petróleo se iba vertiendo en los arrecifes de coral, que llevaban 15 años rehabilitándose.

El gran reto de las siguientes semanas fue bombear todo el petróleo a bordo del barco más rápido de lo que se vertía al mar y antes de que el carguero acabara de romperse por completo. A pesar de los esfuerzos, el barco terminó de partirse cuando todavía quedaban 166 toneladas por bombear. Se calcula que, en total, se vertieron alrededor de 1000 toneladas.

Éste ya es el peor escenario ecológico al que nunca se ha enfrentado la isla. El efecto inmediato del petróleo sobre el ecosistema es la formación de una capa superficial que dificulta la entrada de la luz en el agua. Así pues, las especies submarinas que necesitan realizar la fotosíntesis dejan de crecer en esta zona, lo que tiene consecuencias nefastas para las especies sucesivas de la cadena trófica.

Por no hablar de la toxicidad del petróleo que conduce a la muerte de aquellas especies que no lo han hecho por causa directa o indirecta de la falta de luz. Aquellas que sobreviven a los problemas mencionados, pueden sufrir otros como, por ejemplo, la alteración de sus sistemas reproductivos.

El conjunto de organismos afectados por las mareas negras incluye algas y plantas, que necesitan de la luz; moluscos, intoxicados durante el filtrado de agua; corales y esponjas, que están fijados al sustrato y no pueden escapar del peligro; tortugas, delfines, ballenas y todos aquellos que salen a la superficie para respirar y sufren obturaciones respiratorias; aves, que mueren de hipotermia al impregnarse sus plumas y perder su capacidad de aislamiento… La enumeración es interminable.

La contaminación del ecosistema afecta asimismo a la especie humana. Se han diseñado investigaciones que tienen por objetivo describir la posible asociación entre el derrame de petróleo y los cambios en la salud mental.

Pero el desastre no es sólo natural, sino también económico. Cientos de familias, que ya se habían visto afectadas por la pandemia, dependen de la pesca y el turismo. Aún sin conocer las dimensiones del accidente, miles de personas se implicaron en tareas de limpieza y construcción de "diques" de contención.

Una de las iniciativas más interesantes de los habitantes ha sido la recolección de pelo para construir barreras absorbentes que puedan colocar en zonas estratégicas. Esta medida se basa en la afinidad de los aceites por el pelo, como se ha comprobado en anteriores investigaciones.

Expertos ambientales declaran que harán falta 10 años para que el ecosistema marino "se parezca" a lo que era. Puesto que se trata de un problema frecuente y de repercusiones a nivel global, los profesionales de diversas ramas científicas trabajan en el desarrollo de metodologías efectivas para mitigar los daños producidos por las mareas negras.

Así como el pelo recolectado por los habitantes constituye la opción casera, las esponjas hechas de nanotubos de carbono son la apuesta más sofisticada. El 99% de su volumen es aire, son hidrofóbicas y se mantienen a flote. Además, una vez han realizado su función, pueden recogerse, desprenderse del hidrocarburo y volver a ser utilizadas.

Otra solución consiste en el empleo de bacterias que puedan metabolizar algunos componentes de estas contaminaciones. Investigadores del CSIC probaron la eficacia de *Pseudomonas putida* durante el desastre del "Prestige". Esto se conoce como biorremediación y ha supuesto un gran avance en los últimos años en materia de biotecnología ambiental.

La biotecnología cobra cada vez más importancia en ámbitos muy distintos. Sería ideal que todos estos avances se estuvieran produciendo sin ser necesarias catástrofes como la que asola a Mauricio y, a fin de cuentas, al planeta entero.

Capítulo 48.
La ciencia detrás del estrés

"Perder el tiempo" sea quizás una de las expresiones que utilizas más a menudo para justificar por qué escoges un camino y no otro, tanto en la calle como en tu vida: "si coges este metro pierdes menos tiempo" o "estas clases son una pérdida de tiempo". También se ha empleado mucho en publicidad y asuntos comerciales. Recuerda aquello de "no pierdas el tiempo y llama ya". Esto se debe a que el tiempo es un recurso escaso con el que, si tenemos un negocio, nos gusta "mercadear", para tocar al cliente donde más le duele: su fugacidad.

Estos comportamientos sólo pueden significar una cosa: ansiamos ganar tiempo. Por eso, es irónico que paguemos 8 horas de cada día a cambio de dinero o, en muchos casos, a cambio de "experiencia". O de "nada", oye, también hay gente que trabaja gratis y además no aprovecha las experiencias... Qué le vamos a hacer. Hablando claro, puedes ganar tiempo de dos formas (no excluyentes la una de la otra):

1. Desprendiéndote de tareas que no te aportan nada.

2. Agilizando las tareas de las que no puedes o no quieres desprenderte.

Ser eficiente, o sea, cumplir con tus trabajos está muy bien. Pero vamos un paso más allá. Si eres eficiente y, además, lo eres en menos tiempo, estás siendo más productivo. Vale, pero ¿qué vas a enseñarme en este capítulo? ¿La diferencia entre eficiencia y productividad? Pues no. Eso seguro que ya lo sabías. Hoy vengo a contarte qué hay de "bio" en la productividad. Como decía, nuestro objetivo principal será el de atajar las tareas de las que no podemos prescindir. Por tanto, dentro de cada tarea hemos de realizar el mismo análisis: preguntarnos qué partes de la tarea no contribuyen a su realización (y así desprendernos de ellas) y cuáles son las partes clave en las que tenemos que poner el foco.

Y para poner el foco, es decir, para concentrarnos, necesitamos un actor clave (aquí viene la segunda keyword del capítulo): el estrés. Dos elementos protagonizan este proceso biológico. En primer lugar, la adrenalina. Tiene papel de hormona en el sistema endocrino y de neurotransmisor en el nervioso. Básicamente, aumenta la frecuencia cardíaca y la presión arterial, y actúa como broncodilatador. O sea, prepara al individuo para enfrentarse o huir de un peligro. Nosotros hoy escogeremos enfrentarnos.

En segundo lugar, el cortisol. Como la adrenalina, se produce en las glándulas suprarrenales y es una hormona que aumenta el nivel de azúcar en sangre y suprime actividades del organismo prescindibles en situaciones de alerta. Vamos a dar contexto al tema. Si tengo que desarrollar este capítulo en un día en lugar de en una semana, podemos entender esa presión temporal como una situación de alerta que va a proporcionarme una buena dosis de adrenalina y cortisol para llevarlo a cabo. Ojo, no estoy sugiriendo que dejéis vuestras tareas siempre para el último día, pero sí me gustaría pensar que con jornadas laborales menos abusivas podríamos lograr los mismos objetivos, ya que seríamos mucho más productivos.

Entonces, ¿siempre seré más productivo si dispongo de menos tiempo? Error. Déjame hacer un matiz. El veneno está en la dosis. Y una dosis muy alta de estas sustancias, quizás provocada por una excesiva y constante presión, puede generar "estrés malo". Podríamos distinguir entre "eustress" o "estrés bueno" y "distress" o "estrés malo". El "eustress" hace referencia a niveles manejables de estrés, que además pueden mejorar la resistencia psicobiológica al daño oxidativo. Mientras que niveles estratosféricos de estrés continuado, o sea, "distress", conducen a una pérdida de concentración, una disminución de la productividad e incluso al desarrollo de trastornos de ansiedad y otras enfermedades. Y me preguntarás: ¿qué pasa si yo no tengo ni "eustress" ni "distress"? Entonces te diré que la falta de cualquier nivel de estrés genera fatiga, aburrimiento, frustración y falta de motivación. Vamos, que eres un pasota, actitud que no me parece muy práctica para sacar adelante ningún trabajo.

Llegados a este punto, creo que yo ya he sido bastante productivo. No más cortisol por hoy. Ahora necesito segregar algunas endorfinas, así que voy a darme algún capricho. Que tengas un buen día.

Capítulo 49.
No eres tú, es tu asimetría

Reconozco que soy la típica persona que tiene flechazos a todas horas, pero empezaba a estar preocupada porque desde que todo el mundo lleva mascarilla este hecho ha ido en aumento. Por favor, decidme que no soy la única.

Si te pasa como a mí, quiero comunicarte que no somos los únicos y no estábamos muy equivocados: la gente con mascarilla es más guapa (o al menos diferente), lo cual también implica que nosotros también seremos más atractivos para quien nos vea desde fuera, y todo tiene su fundamento científico. Quédate y te lo cuento.

Está claro que las mascarillas tienen un beneficio para nuestra salud, ya que retienen las gotículas en las que el virus se disipa, disminuyendo los aerosoles y por tanto la probabilidad de contagio de unos a otros. Pero ¿la mascarilla solo tiene este beneficio?

Esta misma pregunta se la hizo un grupo de investigadores de la universidad de Pensilvania, quienes quisieron ir un paso más allá y ver, no solo si tiene efectos positivos sobre nuestra salud, sino sobre nuestro atractivo. Es decir, investigar si la gente con mascarilla es más o menos atractiva. La respuesta la tenemos en su artículo "Beauty and the mask" (que alguien les dé un premio a la originalidad por este título, por favor).

Para el estudio, que se llevó a cabo online, utilizaron 60 rostros que debían ser valorados con y sin mascarilla, de donde extrajeron que, los mismos rostros con mascarilla (en los que solamente queda visible el tercio superior del rostro), resultaban hasta un 71% más atractivos a los evaluadores. Pero, si solo vemos una parte del rostro, ¿por qué pensamos que estos son más atractivos?

Imagina que ves un gato detrás de una valla. Habrá zonas del gato que no verás porque estarán tapadas por dicha valla, pero aún así serás capaz de imaginarte al gato completo: esto es lo que se conoce como finalización visual amodal o percepción amodal.

Sabemos que hay varias áreas de nuestro cerebro implicadas en la formación de esta imagen (entre ellas, la corteza visual), pero el resultado de nuestra finalización amodal variará dependiendo de si hemos visto ese objeto antes o no.

En el caso de las mascarillas pasa algo parecido, cuando vemos a alguien conocido con mascarilla, aunque no veamos los dos tercios inferiores de su rostro, nuestra memoria episódica nos proporciona el esquema del rostro completo, aunque no lo podamos ver, pero esto no es tan sencillo cuando se trata de desconocidos. ¿Qué pasa entonces?

Cuando no conocemos a la persona, nuestra finalización amodal lo tiene más complicado: no tenemos información visual ni tampoco podemos usar la memoria, así que nuestro cerebro básicamente hace un promedio de todas las narices y bocas que recuerda y se la planta a la persona en cuestión. Pero ojo, que tu cerebro tonto no es, y si tiene que imaginarse algo por lo menos que sea agradable -es bastante improbable que te imagines al desconocido en cuestión con una espinilla roja en la nariz (pero puede pasar)- así que tu cerebro va a seleccionar la nariz y boca más agradable que recuerde.

Además, y, por si fuera poco, nuestro cerebro también va a tender a completar el rostro simétricamente. Esto es así: consideramos más atractivos los rostros que son más simétricos, y tengo malas noticias: casi ningún rostro es simétrico (puedes hacer la prueba utilizando la cámara de tu móvil e invirtiendo la imagen) Así que la mascarilla es un buen aliado para ocultar estas posibles asimetrías, pero debemos tener cuidado con las expectativas.

Capítulo 50.
Rigor mortis, ¿hay vida después de la muerte? (o, mejor dicho, ¿qué pasa después de la vida?)

Rigor mortis es una expresión latina que significa, literalmente, "rigidez de la muerte". Entre 3 y 12 horas después del fallecimiento, tienen lugar distintos procesos bioquímicos que endurecen los músculos. Y, claro, masa muscular tenemos bastante, así que ni te imaginas lo difícil de manipular que es un cadáver. ¿Entiendes ahora por qué los zombis caminan de lado a lado y con los brazos estirados? Tiene sentido, ¿verdad?

Lo que está sucediendo es que las células musculares necesitan seguir respirando, o sea, obteniendo energía. Y ya sabes que la respiración celular puede ser aeróbica, si se consume oxígeno; o anaeróbica, en caso contrario.

Cuando alguien muere, su corazón deja de latir. Cuando el corazón deja de latir, no llega sangre con oxígeno a las células. A éstas no les queda más remedio que tirar de respiración anaeróbica. Este proceso, de forma continuada, produce un exceso de ácido láctico y muy poca energía para mantener en funcionamiento las fibras musculares. Finalmente, la actina y la miosina quedan totalmente inmóviles.

"Y ¿cuánto dura esta rigidez? Porque he visto pelis en las que los zombis tienen mucho flow, o sea, para nada son seres rígidos. Corren

un montón, escalan... En fin, hacen un montón de cosas". Te lo explico.

Pasadas aproximadamente 72 horas desde el último latido, se inicia el (poco agradable) proceso de descomposición. Así que el "rigor mortis" desaparece y desde este momento el cuerpo pasa de estar como una piedra a gelatinizarse.

En resumen, esta rigidez tiene tres fases:

- Desde la muerte hasta alcanzar el pico de rigidez.
- Máxima de rigidez por unas cuantas horas.
- Laxitud cadavérica.

El proceso de "rigor mortis" es diferente en función de las condiciones externas, como la humedad o la temperatura. Y, además, también puede variar de acuerdo con la edad del individuo o la causa de la muerte (¿Sabías que el "rigor mortis" dura más horas en personas que han sufrido muertes violentas?).

En cualquier caso, tener claro cómo funciona este fenómeno puede permitirnos extraer información de gran interés acerca de la muerte de una persona. Te he contado qué hay después de la muerte. Para ser precisos te he contado qué hay justo después de la muerte. Aunque, bueno, sería un poco indecente no responder a la pregunta que da título a este capítulo: ¿hay vida después de la muerte? Y la respuesta tiene pocas objeciones.

La respuesta es sí. Hay vida después de la muerte. De hecho, las pocas horas que dura el "rigor mortis" serán las únicas en las que el cuerpo estará más muerto. Pues, más tarde, cuando empiezan los procesos de descomposición, el organismo se convierte en un jardín del Edén para miles de especies que pueden empezar a proliferar en él.

Las bacterias, las que forman nuestro microbiota, que durante la vida del individuo estuvieron confinadas en algunos rincones, pueden salir a conquistar cualquier espacio que se encuentren: las condiciones del entorno han cambiado y ya no hay ningún sistema inmunológico activo que las mantenga a raya.

En definitiva, hoy has aprendido:

1. Que los zombis rígidos llevan menos tiempo muertos que los flexibles.
2. Que después de la muerte, hay vida.

Capítulo 51.
Los zombies existen

Apenas comienzan a salir los primeros rayos de sol y os disponéis a buscar alimentos: el invierno está cerca y debéis tener provisiones. Tenéis el protocolo perfectamente establecido: esta vez el trayecto es un poco más largo que normalmente, eres la más mayor así que te toca ir la última cerrando la fila. No pasa nada, lo has hecho muchas veces. El camino comienza y en apenas 5 minutos te descubres a ti misma alejándote del grupo subiendo a un árbol. No puedes detenerlo, has perdido el control sobre tu cuerpo. *"¿Qué me está pasando?"* te preguntas.

Al fin te detienes, tampoco sabes cómo has conseguido parar, lo importante es que lo has hecho. Pero, entonces, tu cuerpo comienza a convulsionar. Eres incapaz de detenerlo, cada vez va a más y acaba lanzándote al vacío. Sigues viva, el frondoso sotobosque ha amortiguado la caída, pero ¿por qué estás mordiendo una hoja? Y, lo peor, ¿por qué no puedes dejar de hacerlo? Estás completamente paralizada, tus músculos ya no responden, ni siquiera convulsionas, tu visión se desdibuja y de repente una horrible jaqueca se apodera de ti antes de desmayarte para siempre.

2020 (ya solo esto da un poco de miedo). Estuvimos prácticamente todo el año organizando nuestras vidas en torno a una pandemia que causa problemas respiratorios de leves a graves. Podría ser peor ¿no? Podría, y solo podría, tratarse de un parásito que según te contagia se adueña de tu sistema nervioso central y te manipula a su antojo convirtiéndote en zombie. Pero esto solo pasa en The Last Of Us, ¿o no?

Pues tengo malas y buenas noticias: la mala es que esta historia que os he contado es completamente real; la buena es que no nos afecta a los humanos. Las protagonistas del capítulo son unas hormigas carpinteras (*Camponotus rufipes*) que viven en América del Sur.

Las hormigas tienen una jerarquía muy marcada, siendo las hormigas jóvenes quienes suelen quedarse dentro de los nidos criando, construyendo nuevos túneles y manteniendo a las crías, y las hormigas más mayores y ancianas quienes salen a explorar, recolectar alimentos y mantener senderos. Esto asegura la supervivencia de la colonia.

Nuestro antagonista es el hongo *Ophiocordyceps* (*Ophiocordyceps camponoti-rufipedis*). Para que toda esta historia se lleve a cabo una espora del hongo debe ser capaz de introducirse en la hormiga. Se forma una especie de quimera hormiga-hongo en la que, al principio, la hormiga lleva una vida normal, pero, a medida que pasan los días, el hongo aumenta su tamaño y comienza a tomar el control de la situación, adueñándose de la conducta de la hormiga. Este proceso de zombificación tarda de 3 a 9 días en completarse.

Las hormigas rara vez suelen desviarse de su camino, pero cuando están infectadas y llega su hora comienzan a deambular sin dirección y a sufrir convulsiones que provocan que caigan al suelo del bosque, donde se dan las condiciones apropiadas de humedad y temperatura para la proliferación del hongo. Una vez en el suelo, el hongo ordena al insecto que muerda una hoja.

El hongo se está desarrollando en la cabeza de la hormiga y provoca la contracción mandibular, de manera que la hormiga es incapaz de separarse de la hoja incluso cuando muere. Finalmente, el hongo libera sustancias que matan a la hormiga, y días más tarde crece y sale a través de la parte superior de la cabeza de la hormiga, liberando esporas y continuando con el ciclo otra vez. Pero, si quiere reproducirse, ¿por qué obliga a la hormiga a salir del nido?

Puede que estés pensando que vale, que el hongo da miedo porque controla tu conducta, pero tan listo no será si lo que quiere es reproducirse y te obliga a salir del nido y aislarte en lugar de hacerte permanecer dentro del mismo para infectar al resto de hormigas. Pues muy bien razonado, pero ¿y si el hongo no controlase todo?

¿Y si la hormiga estuviese intentando salvar a sus compañeras de nido? Esto mismo se lo preguntaron investigadores de la universidad de Pensilvania (no sé qué financiación hay en esta universidad, pero todos los estudios son divertidísimos y muy interesantes).

Para responder a esta pregunta usaron nidos con y sin hormigas e introdujeron durante 10 días hormigas que habían muerto por esta infección parasitaria, y para su sorpresa los hongos no fueron capaces de crecer en ninguno de los nidos. De hecho, las hormigas infectadas fueron eliminadas por otras hormigas.

Las conclusiones fueron que las hormigas no abandonan el nido para salvar a sus compañeras, sino que es el hongo quienes las obliga a salir para llegar a lugares específicos donde las condiciones sean idóneas para crecer y poder seguir desarrollando su ciclo, y así liberar esporas con las que seguir infectando a otras hormigas. ¿Te imaginas qué pasaría si en lugar de afectar a insectos afectase a humanos?

P.D. Sí, The Last Of Us está basado en esto.

Capítulo 52.
Los colores no existen

El otoño es mi estación favorita. No sé qué tiene, pero me encanta. Barajo varias opciones entre las que destacan tres: que en esta estación no tengo alergia a nada de lo que me rodea, que me encantan los días de lluvia o que me hace increíblemente feliz pisar hojas secas (¿alguien sabe por qué nos gusta pisar hojas secas?).

Pero esto no es lo importante. Lo importante es que, el otro día, yendo por la calle pensé en lo que me gustaba ver los árboles con tonalidades marrones, ocres, amarillentas y naranjas, pero no entendía por qué algunos árboles seguían teniendo las hojas verdes ¿vosotros tampoco? Pues quedaos que os lo cuento.

La mayoría de las hojas de los árboles son de color verde: esto se debe a la presencia de un pigmento llamado clorofila, que es muy importante para el proceso de fotosíntesis que realizan las plantas. Explicado de una manera muy sencilla, gracias a esta clorofila las hojas son capaces de convertir la luz solar, el dióxido de carbono y el agua en azúcares que sirven para alimentar al árbol.

Para poder fabricar la clorofila, los árboles prefieren temperaturas cálidas y luz solar, pero, a medida que llega el otoño, en el hemisferio norte, los días cada vez pasan a ser más cortos, se reducen las horas de sol y la producción de clorofila con ellas. Y, ¿entonces aparecen pigmentos amarillentos? Sí y no. No aparecen, ya que siempre han estado ahí. Lo que pasa es que la clorofila era el pigmento predominante, y ahora que se ha marchado podemos ver al resto.

Los colores rojizos, por otro lado, pueden deberse a que durante esta época las hojas a veces acumulan azúcares en las mismas, y estos reaccionan con otras sustancias produciendo esta coloración. Al cambio de color le sigue, en el caso de los árboles de hoja caduca, la caída de las mismas.

Pero, volvamos a los colores. El resto de colores de la hoja siempre han estado ahí, pero no los veíamos. Pero, un segundo: ¿existen los colores? Antes de entrar en materia, quiero compartir con vosotros una reflexión que siempre ha rondado mi cabeza, ¿lo que yo veo como amarillo el resto lo veis del mismo color que yo o solo nos han enseñado a todos que eso se llama amarillo, pero lo que tú llamas amarillo en realidad lo ves como yo veo mi verde? A lo que iba, que me lío.

Los colores no existen. Lo siento, J Balvin, te he fallado. Muy bailable tu álbum, pero se trata de una mentira y os voy a explicar por qué.

Los colores no existen, al menos no lo hacen de manera literal: cuando vemos algo de color rojo realmente no vemos un color, vemos diferentes longitudes de onda. Los seres humanos, en nuestro afán por creernos el centro del universo, hemos dividido el espectro de ondas a nuestro antojo y hemos determinado que el espectro visible va desde los 400 nm (tonos morados) hasta los 700 nm (rojos). Y sí, esta franja es el espectro visible para nosotros, pero no lo es para otras muchas especies, para las que hay colores que nosotros no podemos ni imaginarnos.

Pero ¿cómo sucede esto? Cuando vemos un objeto de algún color, en realidad nuestro cerebro está interpretando diferentes frecuencias de onda, que recoge gracias a los fotorreceptores de la retina. En la retina humana tenemos cuatro tipos de fotorreceptores, tres de ellos son conos y el cuarto tipo son los bastones.

Durante el día, nuestro ojo utiliza principalmente los conos. Nuestros conos se dividen en tres grupos dependiendo de a qué longitudes de onda responden mejor.

- Los conos de onda corta responden mejor a longitudes de onda corta, es decir, más cercanas a los tonos azules.
- Los conos de onda media responden mejor a longitudes de onda media, es decir, más cercanas a tonos verdes.
- Los conos de onda larga responden mejor a longitudes de onda larga, es decir, en tonos rojizos.

Por otro lado, nuestros bastones presentan una sensibilidad espectral bastante amplia, pero su pico se encuentra entre la onda media y corta, de manera que no nos son muy útiles para determinar "colores", pero sí nos sirven para "ver" de noche. Toda esta información es recogida por las neuronas de nuestra retina y enviada por el nervio óptico a una región muy concreta de nuestro cerebro: la corteza visual, donde nuestro cerebro interpretará la información recibida.

Nosotros solo tenemos 3 conos, que se encuentran en las frecuencias del azul, verde y rojo, ¿a qué os suena esto? Exacto, al RGB que utilizamos para crear todas las tonalidades que conocemos. Y recalco, el que conocemos.

Sabemos que existen especies animales, como la mayoría de las aves que tienen cuatro fotorreceptores, o como la mariposa botella azul (*Graphium sarpedon*) que posee quince tipos de fotorreceptores ¿Cómo será el mundo desde sus ojos?

Capítulo 53.
Dime con quién andas y te diré quién eres

Me gustan los refranes. Realmente me gustan porque no busco certeza en ellos. Creo que, de alguna manera, todos se pueden aplicar a determinadas situaciones para ilustrarlas mejor.

Yo sé que, a veces, a ti te peta la cabeza. A mí también me ocurre. He pasado madrugadas enteras en vela y debajo de la manta pensando qué compensaba más: si salir pronto y recibir la ayuda de Dios durante el resto del día o si quedarme dentro porque, por mucho que madrugara, no amanecería más temprano.

Bueno, y qué opinas de lo de actuar con buena fe. La intención es lo que cuenta, dicen; pero el infierno está empedrado de buenas intenciones, eso también lo dicen…

En definitiva, que al final se trata de que para cada contexto elijas el refrán que mejor te venga y tires para adelante. ¡Que la fe (en ti mismo) mueve montañas!

Quizás me estoy enrollando un poco; pero no temas, no pierdo de vista mi objetivo. Lo prometo. Voy a explicarte el título de este capítulo.

En 2005 Christopher P. Wild acuñó un nuevo término. Inciso: ¿es necesario subrayar que este epidemiólogo es estadounidense? Todo el mundo es de EE. UU. ¿Queda claro? Allí hay mucha gente. A ver por qué te crees que se tarda tanto en contar los votos...

Pues bien. El término acuñado fue "exposoma". Como sabes, la ciencia invierte cada vez más esfuerzos en analizar "totales". Preocupan los puntos, pero conviene estudiar de qué recta forman parte y cuál es su dirección. Estudiamos por conjuntos y así es cómo nacen todos los términos que acaban en "oma": genoma, metaboloma, proteoma... ¡exposoma!

El exposoma es el conjunto de exposiciones a las que un individuo hace frente desde la concepción y durante el resto de su vida. Por tanto, una mejor comprensión del impacto de factores ambientales (junto con la comprensión del genoma) puede ayudarnos a atribuir causas a efectos e, incluso, a predecir muy malas consecuencias de algunos hábitos y entornos en nuestra salud.

Haber llegado a este punto es el resultado del trabajo entre distintas disciplinas, como la epidemiología ambiental, la toxicología, la química analítica y las tecnologías de información geográfica, entre otras. Y tres actores principales constituyen el exposoma:

- Entorno exógeno general. Por ejemplo, la ciudad o el pueblo en el que vives.
- Entorno exógeno específico. Hace referencia a tu dieta y tus malos hábitos, entre otras cosas.
- Entorno endógeno. Incluye tu microbiota y los procesos bioquímicos que ocurren en tu organismo.

Y, estos actores son cruciales en las primeras etapas de la vida. ¿Sabías que los primeros 1000 días de vida (el embarazo y los dos años posteriores al parto) pueden modificar de forma permanente la estructura, la fisiología y el metabolismo de tu cuerpo?

En el entorno endógeno no es fácil intervenir. Puede que en un futuro dispongamos de la biotecnología para realizar de forma sencilla este tipo de modificaciones. Pero, por ahora, no vas a poder cambiar tu metabolismo por otro.

Es posible que tampoco puedas intervenir en el entorno exógeno general porque tu situación actual te impide alejarte de esa ciudad hipercontaminada en la que vives, estudias o trabajas.

Pero hay un punto en el que sí puedes intervenir, ya que depende en gran medida de ti: el entorno exógeno específico.

Puedes llevar una dieta libre de excesos y eliminar malos hábitos, como el de fumar.

Esta variable es toda tuya. Y si trabajas en ella, estás mejorando sustancialmente tu exposoma. Mejor aún, estás salvando a tu cuerpo de potenciales patologías. Porque has de saber que aproximadamente el 10% de las enfermedades crónicas son genéticas, y que en el porcentaje restante tienes margen de maniobra.

Es el deber de las autoridades sanitarias advertirte de que FUMAR MATA. Lo hacen con un mensaje claro y agresivo, aunque a las personas nos cuesta ver la muerte como algo concreto.

Nosotros hemos querido utilizar las palabras de otra forma para recordarte algo que también sabes: DEJAR DE FUMAR SÓLO DEPENDE DE TI. Y esto es extensible a muchos otros hábitos de los que no haremos mención, pero que se resumen en lo siguiente:

Tú eres el principal responsable de tu exposoma.

Capítulo 54.
La ciencia detrás de Ron Weasly

¿No es increíble descubrir que, en función de la vida que cada uno elija llevar, los desenlaces sean radicalmente distintos? Personalmente, me encanta leer sobre el impacto del entorno en el individuo, ya sabes: epidemiología ambiental, disruptores endocrinos, exposoma y otras cosas de las ya te he hablado. Pero hoy me olvidaré de eso por un rato.

Te contaré algo que he leído sobre genética y desconocía por completo. Pronto quedaré con mi amiga Celia. Ambos somos un par de forasteros en Barcelona y cuando nos vemos es casi como volver a mi tierra por un ratito.

Celia es maestra y además trabaja en un supermercado. Pero eso no es de lo que quería hablarte. Celia es mi única amiga pelirroja. Y el color de su pelo es sobre lo que me interesa reflexionar hoy. Si nos remontamos a siglos pasados, ser pelirrojo tenía connotaciones mayoritariamente negativas.

Aristóteles se refería a ellos como "personas de mal carácter, como los zorros". Los romanos les robaban el pelo para hacer pelucas y creían, como los egipcios, que tenía propiedades mágicas para la cosecha. Y, en la Edad Media, directamente los acusaban de brujería, especialmente a las mujeres.

A modo de curiosidad, Eva, la del pecado original, ha sido representada en muchas ocasiones como una mujer pelirroja. Y, lo mismo pasa con Judas, el que traicionó a Jesús en la Biblia.

Sin embargo, mi amiga Celia es genial, así que tumba todas estas hipótesis; aunque, claro, luego uno llega a casa y se pone Vikings y... En fin, vayamos a los números y a los genes.

¿Sabes cuál es la probabilidad de ser pelirrojo? Aproximadamente el 1% de la población mundial es pelirroja. Aunque, como bien sabemos, los pelirrojos se concentran sobre todo en el hemisferio norte, muy al norte. En concreto, Escocia acapara un 13% de pelirrojos entre el total de sus ciudadanos, lo que equivale a más de medio millón de personas según el proyecto ScotlandDNA.

Y ¿a qué se debe este color? La melanina es un pigmento responsable del color de la piel y el pelo, aunque tiene funciones relacionadas con la fotoprotección. Se produce en los melanosomas de unas células llamadas melanocitos y se almacena en otras células que reciben el nombre de queratinocitos.

Pues bien, existe un gen, el MC1R, que se traduce en un receptor de melanocortina 1. ¿Esto qué es? Se trata de una molécula de señalización que interviene en la producción de eumelanina, un tipo de melanina.

Las personas pelirrojas tienen una mutación en este gen, lo que conduce a una síntesis escasa de pigmento y, en resumen, a sus característicos tonos de piel y pelo. Dirás *"claro, ahora que cuentas esto, me pregunto si esta mutación puede tener otras consecuencias, más allá de ser pelirrojo"*. Muy perspicaz.

Como iba diciendo, la pigmentación de la piel se debe a la acumulación de melanina en los queratinocitos. Pero luego, de repente, te he hablado de eumelanina. Esto es porque existen dos tipos de melanina: eumelanina y feomelanina (este segundo es fácil de recordar, supongo).

Mientras que la eumelanina absorbe los rayos UV; el otro, la feomelanina, es fotoinestable e incluso puede promover la carcinogénesis. ¿Qué pasa entonces? Pues, básicamente, que una persona con el gen MC1R mutado, es decir, un pelirrojo, dispondrá de poca eumelanina y acumulará más feomelanina.

En consecuencia, será un individuo desprotegido frente a la radiación ultravioleta y más susceptible de padecer cáncer de piel. Además, por la misma mutación, tendrá inhibida una vía antiinflamatoria que provee inmunidad antimelanoma.

Para que nos entendamos, las conclusiones de este capítulo son:

1. Teóricamente, 140 seguidores de la cuenta de @bioaprender son pelirrojos. Si eres uno de ellos, por favor, pronúnciate. Queremos saber cuántos brujos nos siguen.
2. Aunque seas moreno, ponte crema solar. No queremos más desgracias.

Capítulo 55.
¿Por qué madrugas los findes (sin querer)?

Fin de semana, por fin voy a poder dormir y descansar en condiciones. No tengo nada que hacer, desactivo todas las alarmas y me dispongo a dormir como si lo fuesen a prohibir, pero acaba pasando lo mismo de todos los fines de semana: a las 6 estoy despierta, da igual lo que haga. "Lucha por tus sueños", decían: ¡lo intento! Pero es imposible. Y ¿sabéis qué es lo peor? Que estoy fresca como una rosa, ni rastro de cansancio. ¿Por qué los lunes cuando suena la alarma a la misma hora me siento como si me hubiese pasado un camión cisterna por encima?

Si os pasa lo mismo que a mí, tengo una buena y una mala noticia. La buena es que sabemos a qué se debe, la menos buena es que no sé cómo solucionarlo.

Prácticamente todos los seres vivos nos regimos por unos ritmos de aproximadamente 24 horas, los conocidos como ritmos circadianos, que responden principalmente a los ciclos de luz y oscuridad. Estos ritmos circadianos están regulados por relojes biológicos, que no tienen nada que ver con la necesidad de dar vida a un nuevo ser humano, sino que implican a todas las proteínas específicas que interaccionan con las células en casi todos los tejidos y órganos.

Además, todos nuestros relojes biológicos están coordinados por un reloj maestro. En los animales vertebrados, incluidos los humanos, el reloj maestro es un grupo de aproximadamente 20.000 neuronas que forman una estructura llamada núcleo supraquiasmático, ubicado en el hipotálamo, el cual recibe información directa de los ojos.

Estas señales de luz viajan a distintas regiones del cerebro, como la glándula pineal, donde se suspende la producción de melatonina, una hormona que provoca sensación de somnolencia. Los niveles de melatonina en el cuerpo suelen aumentar después de que anochezca. El hipotálamo también controla los cambios en la temperatura y presión arterial corporal que ocurren durante el sueño.

Si los tenemos prácticamente todos los seres vivos deberán ser importantes ¿no?, pero ¿por qué? Está claro que los ritmos circadianos surgieron en respuesta a los cambios diarios en la iluminación, debidos a la rotación terrestre. De hecho, se cree que el primer ritmo circadiano pudo haber pertenecido a cianobacterias fotosintéticas, a las que se cree responsables de la oxigenación de la atmósfera.

Si esto no te pareciese suficiente motivo de importancia, tenemos más. El amanecer y el anochecer son eventos externos muy consistentes (ignorando los ligeros cambios diarios y los dichosos cambios de hora). Estos ritmos circadianos funcionan para permitir que los organismos anticipen los cambios diarios que se producen en el ambiente.

Cuando algo ocurre todos los días a la misma hora, los organismos "aprenden" que el evento ocurriría. Esta anticipación es una estrategia, es la preparación para lo que va a ocurrir. Generalmente, los animales usan sus ritmos circadianos con tres finalidades: favorecer la obtención de alimento y el encuentro con otros de la misma especie y evitar a los depredadores.

Hasta aquí todo bien. Entonces, ¿por qué el fin de semana me levanto a las 6 de la mañana? Pues porque mi reloj interno ya se ha acostumbrado y se está anticipando a lo que va a pasar (el sonido de la alarma). Esta regulación también explica por qué cuando nos dormimos más tarde (cuando hemos salido de fiesta, por ejemplo) solemos despertarnos antes y sin sensación de cansancio. Nuestro organismo, al no habernos dormido a la hora habitual, piensa que estamos en una situación de peligro e intenta protegernos.

Entonces, ¿nuestro cuerpo crea y mantiene sus propios ritmos circadianos? Sí, en nuestro cuerpo hay factores naturales que producen ritmos circadianos. En los seres humanos dos de los genes más importantes son los genes Period y Cryptochrome. Estos genes codifican (dan lugar) a proteínas que se acumulan en el núcleo de las células por la noche y disminuyen durante el día.

Estudios previos en la mosca de la fruta sugieren que estas proteínas ayudan a activar sentimientos de vigilia, estados de alerta y somnolencia. Los cambios en el entorno afectan a los ritmos circadianos: por ejemplo, la exposición a la luz a horas diferentes del día puede afectar a la expresión de estos genes, lo cual explica los problemas de sueño cuando hacemos viajes a países con zonas horarias diferentes o cuando una noche decidimos ponernos Netflix para intentar dormirnos.

Es importante señalar que los ritmos circadianos endógenos, es decir, que no están regulados directamente por la luz, tienen periodos que no son exactamente de 24 horas. Los ritmos circadianos pueden influir en funciones muy importantes como:

- Liberación de hormonas.
- Hábitos alimenticios y digestión.
- Temperatura corporal.

Una buena higiene del sueño, en la que, entre otros factores como el entorno y la dieta, procuramos dormirnos y despertarnos todos los días a la misma hora, es fundamental para que todos nuestros relojes biológicos funcionen correctamente. Estos son algunos tips para una buena higiene del sueño:

- Procura dormirte y despertarte siempre a la misma hora.
- Evita exponerte a la luz artificial en la cama.
- Mantén una buena alimentación.
- Practica deporte, pero evita realizarlo pocas horas antes de ir a dormir.

Capítulo 56.
La memoria se puede heredar

Desde el punto de vista fisiológico, la memoria es un conjunto de sinapsis (conexiones) neuronales, algo que parece propio e individual de cada individuo y bastante difícil de poder transmitirse en el material genético de generación en generación. Pero ¿y si te digo que es posible que la memoria se pueda heredar? ¡Ay si Lamarck levantara cabeza!

Para entender todo esto primero debemos conocer varios conceptos como son la evolución y la epigenética ¿nos acompañas? Como bien hemos dicho, la memoria es un conjunto de conexiones neuronales, pero también es algo observable y medible, que se adquiere a lo largo de la vida del individuo.

A lo largo de la historia ha habido varias teorías de la evolución, además de la Darwinista, en la que aquellos individuos que se adaptan mejor al medio son los que sobreviven y producen descendencia que hereda estas características beneficiosas (es lo que conocemos como selección natural). También encontramos teorías como la de Jean-Baptieste Lamarck, quien defendía que las características adquiridas se podían heredar; es decir, los padres son capaces de transmitir a los hijos los rasgos que adquieren a partir de cómo se relacionan con el entorno. Esta teoría fue refutada, pero, a finales del siglo XX, la ciencia comenzó a observar que existe una herencia de rasgos adquiridos, a la que denominó epigenética.

Las influencias ambientales, como los alimentos, los contaminantes y otros elementos pueden dejar marcas en los genes que no alteran su secuencia, pero modifican su actividad. ¿Y si estas marcas epigenéticas pudiesen transmitirse a la siguiente generación a través de las células germinales, representando así una forma de memoria heredable?

Está claro que la madre tiene una gran influencia sobre su descendencia durante el desarrollo prenatal. Su alimentación, estilo de vida y actividad física pueden tener efectos de por vida en sus hijos, pero ¿qué pasa con los padres? Pues resulta que el estilo de vida del padre, y en concreto su actividad física, puede tener efectos duraderos en la regulación epigenética de la expresión génica en un área del cerebro fundamental para el aprendizaje y la memoria: el hipocampo.

Antes de entrar en detalle vamos a hablar de los beneficios que ha demostrado tener el deporte sobre la memoria (comparte este capítulo con tu amigo que se salta el entreno porque tiene que estudiar). ¿Cuántas veces has ido a un examen con la sensación de que te lo sabías todo "con pinzas" y que podrías haber estudiado más? Esto es lo que llamamos un "evento de aprendizaje sub-umbral", que básicamente es la exposición a algo nuevo que no conduce a la formación de memoria a largo plazo.

Vamos, que si te lo preguntan una semana después de hacer el examen probablemente no te acuerdes. Un estudio publicado por las universidades de Carolina y Varemont demostró que hacer ejercicio antes de la exposición a un evento de aprendizaje sub-umbral puede transformar ese evento en memoria a largo plazo. Esto produce un aumento, mediante mecanismos epigenéticos, de la expresión de un gen encontrado en el hipocampo llamado factor neurotrófico derivado del cerebro (BDNF), que es muy importante en el aprendizaje y la memoria.

Resulta que la actividad física del padre puede reprogramar epigenéticamente los espermatozoides, lo que puede influir en el desarrollo de la descendencia. Esto se ha demostrado tanto en modelos murinos animales como en humanos. Estudios previos ya habían demostrado que el perfil de metilación (una marca epigenética) diferiría entre hombres obesos y hombres con más masa muscular y magra, y además se demostró que la pérdida de peso y composición corporal inducía cambios epigenéticos en secuencias del ADN asociados con el apetito.

Otro estudio demostró que tres meses de ejercicio aeróbico en una cinta de correr son suficientes para alterar epigenéticamente el ADN de los espermatozoides. Y, ¿sabéis cuál era uno de los genes que se alteraba? Exacto, BDNF.

Y lo mejor no es solo esto, es que un estudio publicado por la Universidad de Tiajin ha demostrado en modelos murinos, que el ejercicio aeróbico paterno previo al apareamiento aumenta la expresión de BDNF en el hipocampo de la descendencia masculina, lo cual correspondía además con un aumento en el aprendizaje y la memoria. Ale, ya tienes una excusa para cuando te digan que tienes mala memoria.

Capítulo 57.
¿Qué son las zonas azules y quien vive en ellas?

Muchas veces pasa. Andamos en la búsqueda de datos que confirmen la hipótesis de nuestra investigación, pero acabamos obteniendo resultados muy distintos. Entonces pueden suceder dos cosas. La primera es que uno se empeñe en perseguir los datos que teóricamente debía obtener. La segunda, que reformule su hipótesis atendiendo a los resultados obtenidos hasta el momento.

Esto pasa en investigaciones científicas y en cualquier ámbito de la vida. Y viene pasando desde mucho tiempo atrás. Mira Colón: Buscando las Indias, se topa con América. Mira Fleming: trabajando con *Staphylococcus*, descubre a *Penicillium*.

Pues esto es, más o menos, lo que le pasó a Dan Buettner. Cuando este explorador miembro del National Geographic inició su expedición en busca de los secretos de la longevidad, descubrió algo que no esperaba: en determinadas localizaciones se concentra una esperanza de vida muy superior a la del resto del planeta.

Dan Buettner dio el nombre de "Blue Zones" a estos enclaves. Pero… ¿Por qué "azules"? ¿Dónde se encuentran? ¿Qué tienen en común todas ellas?

Las zonas azules son los lugares donde habitan las personas más longevas del mundo, cuya esperanza de vida supera los 100 años. Se apodan "azules" porque Dan

Buettner fue marcándolas en un mapamundi con un rotulador azul. Así de sencillo. Y son 5:

- Cerdeña (Italia).
- Icaria (Grecia).
- Okinawa (Japón).
- Loma Linda (Estados Unidos).
- Nicoya (Costa Rica).

Y te preguntas: ¿qué secretos guardan todas ellas? Bueno, pues has de saber que eso de secretos… Secretos ninguno. Entre otras, estas son las características principales a nivel físico:

1. Tienen un estilo de vida en movimiento. No son personas sedentarias.
2. Comen mucha legumbre, poca carne y, ojo, nada de empachos.

En resumidas cuentas, dieta y ejercicio regular, pero libre de excesos de cualquier tipo. Y, ¿qué hay de los factores no físicos? ¡Te los cuento! El factor socio-psicológico es tremendamente importante en estas comunidades.

Así, para empezar: estrés, solo del bueno (eustress). Quizás saben que es inútil (aunque a nosotros a veces nos resulte inevitable) preocuparse por cosas de las que no se encuentran en su círculo de acción y, por tanto, de las que no se pueden ocupar.

Además, los investigadores del caso hablan de personas que llevan vidas con propósito. Algo que, sin duda, es un estímulo más que positivo para nuestro cerebro. Para variar, son personas espirituales. En el artículo hablan de prácticas espirituales, pero no es dependiente de una religión. Se trata de personas que, de alguna manera, trabajan en sí mismas en comunidad.

Vamos, como podríamos hacerlo nosotros si la salud mental ocupara el puesto que merece en nuestro estilo de vida. Y, por último, mantienen lazos familiares fuertes. Ahora que conoces las claves, estarás de acuerdo conmigo en la importancia de aquellas que tienen que ver con nuestra cabecita.

Capítulo 58.
La proteína del futuro

Se estima que la población mundial aumentará en 2.000 millones de personas en los próximos 30 años. Esto unido a que la población cada vez está más concienciada con su alimentación y con el consumo de alimentos ricos en proteína, está generando serios problemas medioambientales. ¿Cuál puede ser la solución? El consumo de proteínas alternativas.

Hace unos capítulos hablábamos de la carne cultivada en laboratorios. Dicha carne supone una ventaja clara y es que aumenta el bienestar animal, siendo, además, mucho más sostenible ecológicamente. Aunque tiene un claro contra y es su elevado precio (al menos, actualmente).

Sin embargo, hay otras fuentes alternativas de proteína que se están abriendo un hueco mayor en el mercado y la industria a nivel mundial. ¿Quieres saber cuáles son? Te lo contamos en este capítulo.

Hoy en día existen distintos tipos de proteínas alternativas animales, como las proteínas procedentes de organismos unicelulares o las proteínas de microalgas; aunque, sin duda, las proteínas alternativas con mayor fama son las proteínas vegetales. Actualmente, en el mercado disponemos de diversos tipos de proteínas vegetales, como son la soja o la quinoa, pero estas fuentes de proteínas causan reacciones alérgicas a una parte de la población y no poseen todos los micronutrientes que la proteína de origen animal sí aporta. ¿Os suenan los suplementos de vitamina B12 para veganos? Esta vitamina solo se encuentra en cantidades suficientes en productos de origen animal.

¿Sería posible encontrar una alternativa que permitiese ingerir cantidades suficientes de proteína, que fuese, a su vez, capaz de proporcionar todos los micronutrientes necesarios y que fuese sostenible? Pues sí, es posible.

Los insectos parecen ser la solución a este problema. En el mundo se consumen más de 1.900 especies de insectos comestibles. Al consumo de insectos se le denomina entamofagia. Según la FAO los insectos más consumidos son los escarabajos (31%), orugas (18%), abejas, avispas y hormigas (14%), saltamontes, langostas y grillos (13%), hemípteros (195), termitas (3%), libélulas (3%) y las moscas (2%).

Los insectos son una gran fuente de proteína, aportando de media entre 40-50 gramos de proteína por cada 100 gramos de insecto, aunque, en algunos casos, el porcentaje de proteína puede ascender a más del 70% en peso seco. En comparación, la cantidad de proteína de la carne roja se encuentra entre un 20-24%, mientras que los huevos se encuentran en torno al 12-15% de proteína.

Además, los insectos son fuente de otros muchos nutrientes como ácidos grasos y omega 3 y 6, en cantidades similares a las del pescado. Y, son una estupenda fuente de micronutrientes, incluida la vitamina B12.

Actualmente, su consumo sigue siendo bastante limitado y concentrado en algunas zonas del planeta como son

China, India o México, y se siguen considerando muchas veces como alimentos de emergencia o para periodos de hambre. Sin embargo, su consumo está más arraigado a tradiciones y a su sabor que a periodos de escasez. De hecho, en la actualidad su consumo se ha comenzado a popularizar y es considerado un producto gourmet en muchos países

Tranquilos, no tendréis que comeros lo insectos crudos, sino secos y principalmente en harinas, formando parte de snacks y otras recetas. ¿Te atreverías a probarlos?

Capítulo 59.
Vacunas contra la demencia

El Alzheimer es una demencia primaria/vascular (mixta) irreversible cortical. Es una enfermedad generalmente de personas de edad avanzada. A partir de los 85 años, casi un 50% de las personas tienen demencia tipo Alzheimer. La enfermedad de Alzheimer constituye la tercera enfermedad en costes sociales y económicos en los países desarrollados.

Se conocen dos tipos de Alzheimer:

- Alzheimer familiar: Muy poco prevalente, suele darse antes de los 65 años. Se hereda (transmisión autosómica dominante) y está asociado a mutaciones en 3 genes implicados en la producción de la proteína amiloide.

- Alzheimer esporádico: Generalmente empieza a partir de los 65 años, tiene una alta prevalencia, es multifactorial y no se tiene idea de su origen. Hay factores de riesgo como la edad, mutaciones en genes distintos a los de Alzheimer familiar, colesterol, diabetes, género, traumatismos craneales e incluso en nivel educativo.

Actualmente, no existen pruebas analíticas para diagnosticar la enfermedad de Alzheimer. El diagnóstico siempre se realiza por estudio histológico post mortem, pero ¿cómo diagnostican entonces el Alzheimer con el paciente aún vivo? El Alzheimer no se puede diagnosticar como tal, sino que se diagnostica una demencia tipo Alzheimer basándose en un test llamado *"Mini mental state examination"* que depende del criterio del neurólogo.

Afortunadamente, desde hace unos años se están desarrollando técnicas de imagen para detectar la atrofia cerebral y la disposición de moléculas típicas de Alzheimer como $A\beta$ y Tau. Pero ¿cuáles son las características clínicas de esta enfermedad y cómo se puede diagnosticar a tiempo?

El Alzheimer esporádico se diagnostica cuando comienzan a observarse los primeros síntomas clínicos. Estos suelen ser quejas subjetivas de memoria, en las que el paciente nota que tiene pérdidas de memoria que se pueden estabilizar y formar parte de un envejecimiento normal, o comenzar a empeorar y pasar a ser un deterioro cognitivo leve.

Este deterioro cognitivo leve puede estabilizarse y no ser problemático (es algo de la edad) pero, si empieza a empeorar, lo hace de forma relativamente rápida, de manera que el paciente comenzaría a mostrar problemas en otras áreas que no son sólo las relacionadas con la memoria, como sería confusión, alteraciones de la personalidad, desorientación espacial, problemas para hablar o para manejar las finanzas, entre otros. Todos estos fallos se producen principalmente por una razón: la pérdida neuronal.

En esta enfermedad se produce una pérdida masiva de neuronas en determinadas regiones cerebrales relacionadas con las capacidades cognitivas y asociativas. Esta neurodegeneración sigue además un patrón relativamente constante y suele empezar en las regiones límbicas, por eso lo primero que suele perderse es la memoria. Además, una de las características que siempre hemos oído de la enfermedad de Alzheimer es que se produce un acúmulo de las proteínas Aβ (amiloide) y Tau, y que esta acumulación podría ser la responsable de la neurodegeneración.

Hace poco, una noticia ocupó todos los titulares: *"La vacuna del Alzheimer podría estar lista en dos años"*. Sin duda era una noticia esperanzadora: los investigadores habían conseguido eliminar las proteínas "responsables" del Alzheimer (Aβ y Tau) en modelos animales (ratones modificados genéticamente para acumular estas proteínas). Pero ¿y si te digo que realmente no se sabe si estas proteínas son las responsables?

Durante muchos años, la investigación en Alzheimer esporádico se ha centrado en la acumulación de estas proteínas, ya que las mutaciones presentes en el Alzheimer familiar se encontraban en la proteína Aβ. Y, esto tiene sentido, pero ahora quiero que te imagines una cosa.

Imagina que eres un perito de seguros de los años 20, y que consigues viajar hasta nuestros días. Además de no entender por qué tienes que llevar una mascarilla, seguirás peritando accidentes de tráfico, y en todos verás un elemento común que desconoces: el airbag. Así que lo más probable es que acabes pensando que ese elemento blanco e hinchado se ha disparado, ha dado al conductor en la cara y ha provocado el accidente, cuando la realidad es justo la contraria: el airbag está para protegerte. ¿Y si la proteína Aβ estuviese protegiendo de un daño mayor?

Se conocen casos de pacientes con demencia tipo Alzheimer que no presentaban acúmulos de Aβ post mortem, y casos de pacientes, en principio sin ningún tipo de demencia, que presentaban estos acúmulos post mortem. Con Tau pasa lo mismo: todos los pacientes con demencia Alzheimer tienen Tau, pero no todos los pacientes con Tau tienen demencia tipo Alzheimer.

¿Qué pasa con la supuesta vacuna entonces? Pues que la vacuna elimina estas dos proteínas, pero realmente no sabemos si son las causantes de la enfermedad. Además, esta vacuna, en caso de ser administrada, debería serlo cuando comienzan los síntomas, es decir, cuando se produce la neurodegeneración, siendo esta, por el momento, irreversible.

¿Cuál es la solución entonces? ¿Comenzamos a vacunar en cuanto aparecen los primeros síntomas (quejas subjetivas de memoria o deterioro cognitivo leve)? ¿Comenzamos a vacunar antes de los síntomas a pesar de que Aβ y tau pierdan sus funciones? Queda mucho por descubrir.

Capítulo 60.
Casi una persona de cada diez tiene una enfermedad rara

Enfermedades... ¿Raras? Las enfermedades raras (ER) o poco frecuentes son aquellas que tienen una baja prevalencia en la población.

Pero... ¿Qué se considera una enfermedad rara? Para considerarse como tal, cada enfermedad específica sólo puede afectar a un número limitado de personas: en este caso, cuando afecta a menos de 5 de cada 10.000 habitantes.

Estas patologías de baja frecuencia tienen, en conjunto, una gran frecuencia en nuestra población. Las patologías poco frecuentes afectan a un gran número de personas, ya que, según la Organización Mundial de la Salud (OMS), existen cerca de 7.000 enfermedades raras que afectan al 7% de la población mundial.

En total, se estima que en España existen más de 3 millones de personas con enfermedades poco comunes. Las enfermedades raras son, en su mayor parte, crónicas y degenerativas. Dichas enfermedades están caracterizadas por una amplia diversidad de síntomas que varían no sólo de enfermedad a enfermedad, sino también dentro de la misma dolencia.

La misma condición puede tener manifestaciones clínicas muy diferentes de una persona afectada a otra. Para muchos desórdenes, hay una gran diversidad de subtipos de la misma enfermedad. De hecho, el 65% de estas patologías son graves e invalidantes y se caracterizan por:

- Comienzo precoz (2 de cada 3 aparecen antes de los dos años).
- Dolores crónicos (1 de cada 5 enfermos).
- Desarrollo de déficit motor, sensorial o intelectual en la mitad de los casos, que originan una discapacidad en la autonomía (1 de cada 3 casos).
- En casi la mitad de los casos el pronóstico vital está en juego, ya que a las enfermedades raras se le puede atribuir el 35% de las muertes antes de un año, del 10% entre 1 y 5 años y el 12% entre los 5 y 15 años

El diagnóstico de las enfermedades raras es uno de los principales problemas a los que se enfrentan las personas con Enfermedades Poco Frecuentes. Las principales causas de esta ausencia de diagnóstico atienden a múltiples factores; las principales son el desconocimiento que rodea a estas patologías, la dificultad de acceso a la información necesaria y la localización de profesionales o centros especializados.

Todo esto provoca una serie de consecuencias que afectan tanto al paciente como a su familia. De hecho, en gran parte de los casos, esta demora diagnóstica influye en el acceso a intervenciones terapéuticas, lo que conlleva, en un 31% de los casos, un agravamiento de la enfermedad que podría haberse evitado o paliado previamente.

A su vez, el 42,68% de las personas con estas patologías no dispone de tratamiento o si lo dispone, no es el adecuado. Un paciente con una enfermedad rara espera una media de 4 años hasta obtener un diagnóstico, pero, en el 20% de los casos, transcurren 10 o más años hasta lograr el diagnóstico adecuado.

La pregunta ahora es ¿mejoramos su diagnóstico? ¿Qué se necesita para ello? La respuesta es clara: investigación y recursos.

Capítulo 61.
Vamos a dejar a los oncólogos en paro

La palabra cáncer es algo que nadie está preparado para escuchar, y es aún más difícil de asimilar cuando es alguien pequeño el diagnosticado. Y, aunque sea algo complejo, es algo con lo que nos hemos acostumbrado a vivir. Pero ¿realmente sabemos qué es el cáncer?

El cáncer no es una enfermedad, sino un conjunto de enfermedades relacionadas. Es por esto por lo que es improbable que exista una "cura para el cáncer", ya que son diferentes entre sí. A pesar de esto, los cánceres comparten entre sí una característica, y es que en ellos algunas de las células del cuerpo comienzan a dividirse sin freno, e incluso son capaces de llegar a otros lugares del cuerpo. A su vez, el cáncer puede comenzar prácticamente en cualquier lugar del cuerpo.

Normalmente, las células de nuestro cuerpo crecen y se dividen de manera natural a medida que las vamos necesitando. Y, no se dividen por igual: por ejemplo, las células de nuestra piel se dividen mucho más rápido que otras, pero cada célula tiene un número limitado de divisiones, y tras ese número es eliminada. Este mecanismo está muy controlado, y aunque a veces ocurren errores (por la propia maquinaria del organismo, o por exposiciones ambientales como quemaduras solares o tabaco), nuestro organismo es capaz de detectarlos y eliminar estas células que han salido mal.

Sin embargo, hay veces que algunas de estas células que han salido "defectuosas" escapan a estos controles de seguridad. Estas células son capaces de dividirse sin control alguno, pudiendo generar crecimientos llamados tumores. Muchos cánceres forman tumores sólidos, pero hay otros tipos de cánceres, como las leucemias, que generalmente no toman formas sólidas.

Pero ojo, no todos los tumores son malignos: también los hay benignos, que, aunque no son potencialmente graves, también pueden ser extirpados para una mayor seguridad y tranquilidad del paciente. Porque las células cancerosas no solo son células que se dividen sin control: ¿quieres saber más características sobre ellas?

Como ya hemos dicho, las células cancerosas son células que se dividen más de lo normal. Esto se debe en parte a que son células muy poco especializadas, es decir, no tienen una función específica. Además, son células capaces de ignorar las señales que normalmente indican a las células que deben dejar de dividirse o que deben morir.

Por si fuera poco, son capaces de engañar a las células normales cercanas para que formen un microambiente que les beneficie, formando vasos sanguíneos que suministran el oxígeno y los nutrientes que estas células necesitan. También son capaces de engañar muchas veces al sistema inmune, escondiéndose de este, o incluso beneficiándose de él. Hay más de 100 tipos de cánceres y difieren principalmente en el tipo de células específicas en las que comienzan, desde melanomas, carcinomas y sarcomas, hasta linfomas y leucemias.

Actualmente, existen varias terapias disponibles para el tratamiento del cáncer y la esperanza de superarlo ha aumentado con las técnicas de diagnóstico precoz. Por todo ello, es importantísimo que, aunque ahora mismo solo se hable prácticamente de una enfermedad, no olvidemos otras enfermedades cuyo diagnóstico y tratamiento no puede ni debe retrasarse.

El cáncer no es una lucha. Nadie elige tener cáncer, y aunque en ocasiones se nos venda como historias de superación, no es así. El cáncer no se vence, no depende de ti. Si los tratamientos no funcionan no es por culpa del paciente o porque no le esté poniendo ganas, dejemos de vender el cáncer como eso.

Además del cáncer en adultos, también encontramos cánceres pediátricos, de los que no se habla tanto debido a su baja incidencia (en torno a un 3% en España). En niños, los cánceres más comunes son las leucemias, el cáncer de encéfalo y otros del sistema nervioso central y los linfomas, y la supervivencia debido a los avances ya citados ha aumentado de un 15-20% hasta un 70-80%.

Si algo ha puesto de manifiesto la pandemia es que cuando se invierten recursos, tiempo y dinero en investigación, se pueden conseguir cosas increíbles en poco tiempo. Sin duda, la falta de financiación es uno de los grandes hándicaps que tiene la ciencia a la hora de avanzar.

Durante todo el mes de febrero de 2021, desde @Bioaprender e @ilustrart.rg contamos e ilustramos la historia de 31 mujeres científicas que han cambiado el mundo, diseñando una lámina cuyos beneficios íntegros han ido a la asociación @apupablougarte. Esta asociación dedica todos los beneficios recibidos a financiar la investigación contra el cáncer pediátrico. Actualmente financian 28 proyectos de investigación.

Queremos daros las gracias públicamente a todos los que colaborasteis comprando la lámina. Hoy podemos decir que hemos donado 1100€ a la asociación, que nos acercarán un poquito más en la búsqueda de tratamientos y curas para los diferentes tipos de tumores pediátricos. Os recordamos también que las láminas seguirán disponibles indefinidamente.

Ojalá algún día no sea necesario realizar estas ayudas para la investigación y podamos dejar a los oncólogos en paro.

Capítulo 62.
¿Por qué es más sostenible usar plástico que cartón?

Hoy traigo una reflexión (seguramente polémica) sobre el plástico. Una opinión de las que son interrumpidas antes de terminar de explicarse, porque quien las escucha solo está dispuesto a recibir información que confirme sus propias creencias sin considerar posibles alternativas (esto se llama "sesgo de confirmación" y es un tema muy interesante para otro capítulo).

Actualmente, existe la percepción en la sociedad de que las botellas de plástico y las latas de aluminio tienen un impacto negativo en el medioambiente; mientras que las botellas de vidrio, por ejemplo, son mucho mejores en ese aspecto. Pero... ¿es el plástico el peor envase?

Hablemos de vidrio. ¿Sabemos cuánto CO_2 se emite durante la producción de una botella de vidrio de 1 L frente a una de plástico con la misma capacidad? ¿Sabemos cuánto CO_2 se emite durante el transporte de una botella de vidrio de 1 L frente a una de plástico con la misma capacidad?

Aún mejor, hablemos de tetrabricks. ¿"Agua en caja mejor"? ¿Somos conscientes de la dificultad de reciclar este tipo de materiales? Mientras que el plástico es 100% reciclable, separar los componentes de un brick es tan complejo que en España ninguna planta es capaz de hacerlo.

Pero bueno, todo esto es palabrería. ¡Vamos con datos! Si los envases de plástico se sustituyeran por otros materiales…

1. La masa correspondiente a los envases aumentaría más del triple. En cifras: aumentaría en más de 40 millones de toneladas por año.

2. La demanda de energía a lo largo del ciclo de vida del material aumentaría más del doble. En cifras: aumentaría en 1.240 millones de GJ por año, lo que equivale a la calefacción de 20 millones de hogares.

3. Las emisiones de gases de efecto invernadero aumentarían casi el triple. En cifras: aumentarían en 61 millones de toneladas por año, lo que sería comparable a 21 millones de coches más en la carretera.

Que nuestra especie está dejando huella en el planeta es evidente. Nadie lo niega. Pero hemos demonizado el plástico, haciendo referencia a la fase final del producto, sin partir de una visión global de su ciclo de vida. Es decir, únicamente hemos atendido al uso que nosotros hacemos de él, pasando por alto su eficiencia en las fases de fabricación, embotellado y transporte.

El plástico sería un material perfecto si fuéramos menos cerdos (con perdón de los cerdos). Porque, con una mano levantamos pancartas por el día de la Tierra y compartimos vídeos de tortugas estranguladas, y con la otra dejamos caer al suelo nuestra basura haciendo cero uso del contenedor amarillo.

¿Quién no se indigna cuando se entera de que cada año mueren más de 500.000 aves y más de 100.000 mamíferos marinos a causa del plástico que llega a los océanos? Pero ¿estamos dando con verdaderas soluciones?

Pensemos en el ciclo de vida completo de cada producto antes de ensalzarlo. De nada sirve comprarse un cepillo de dientes de bambú con un logo de sostenibilidad si el cepillo ha tenido que viajar desde Japón. Culpar al plástico de la contaminación marina sería como culpar a los vendedores de cerillas de los incendios.

1. Los materiales no son malos; el uso que se pueda hacer de ellos sí.
2. El plástico ha permitido abaratar costes y hacer accesibles a todo el mundo una gran cantidad de alimentos, asegurando la seguridad alimentaria de manera total.
3. A la hora de valorar si un packaging es bueno o malo debe valorarse todo el ciclo de vida del producto.

Y, en todo este asunto, ¿qué papel juegan las instituciones públicas? En países como Alemania se ha implantado un Sistema de Depósito y Reembolso (SDDR). De esta manera, cuando se compra una botella de agua, se paga tanto el agua como la botella. Después, el consumidor puede devolver el envase y recuperar parte del dinero de la compra. Así se consiguen dos cosas: la gente ahorra y se incentiva el reciclaje.

En España no se ha implantado este sistema porque no se ha definido quién debería invertir y ocuparse de estas máquinas de retorno. ¿Deberían ser las empresas que venden el producto? ¿Deberían ser los ayuntamientos? Esta sería una buena solución, pero no parece haber interés en sacarla adelante. Los vídeos de tortugas siguen siendo más baratos…

Aun así, este capítulo no busca negar el impacto de los plásticos ni reivindicar una superioridad de este material, sino reflexionar sobre su demonización y sobre la verdadera sostenibilidad de sus alternativas. Normalmente, la solución más eficiente pasa por una combinación de diversos materiales.

Capítulo 63.
Microbiota y autismo

¿Sabías que el intestino y el cerebro hablan entre ellos? Bueno, ya me entiendes... Que se comunican, digo. De hecho, existe una comunicación bidireccional entre ambos denominada "gut-brain axis" (eje intestino-cerebro). Para ser más específicos, hablamos del "eje microbiota intestinal-cerebro" ya que ésta es la parte fundamental en esta comunicación.

Y tú te estarás preguntando: "¿Y por qué me cuentas todo esto? ¿Qué se tendrán que contar estos dos órganos y en qué puede repercutir esta comunicación?" Bueno, pues en este punto es donde te desvelo de qué va el capítulo de hoy: ¡El trastorno del espectro autista y la microbiota intestinal! Pero, espera un poco y te cuento más sobre estos dos componentes por separado.

Por una parte, el trastorno del espectro autista (TEA) es un grupo complejo de trastornos del desarrollo caracterizados por interacciones sociales y comunicación deterioradas junto con conductas repetitivas y restrictivas. El autismo representa el tipo principal. Y, por otra, ¿sabías que tu intestino está habitado por varios billones (sí, billones) de microorganismos y que representan aproximadamente 1 kg del peso del mismo?

Pero ¿qué es lo que hacen realmente estas bacterias? Pues, lo primero y principal es que forman una barrera en la pared intestinal que nos protege de la absorción de metabolitos tóxicos. Además, producen butirato y ácido láctico que tienen efectos beneficiosos debido a sus propiedades antiinflamatorias. Está involucrado en la maduración y funcionalidad del sistema inmunológico; y…. en el desarrollo y la función del sistema nervioso central!!!

Entonces, ¿qué les pasa en el intestino a los pacientes con TEA? ¿Cómo influye este cambio en gut-brain axis? Como te he comentado antes, existen diferencias en la microbiota intestinal en los pacientes con TEA y éstas se recogen en el término "disbiosis intestinal". Te cuento.

Esta disbiosis está marcada por un cambio o transición de la microbiota intestinal "saprofita" a una con predominio de bacterias "patógenas" que provoca la ruptura de la barrera epitelial intestinal y da lugar a la denominada "hipótesis inflamatoria" de los pacientes con TEA. Y, ¿cuál es este cambio de microbiota intestinal?

Pues, la microbiota intestinal de un adulto sano se compone de 4 filos principales que en conjunto representan más del 90% de la población bacteriana total. Éstos son: *Bacteroidetes, Firmicutes, Proteobacteria y Actinobacteria*. Sin embargo, esto es lo que se observa en los pacientes con TEA:

- Niveles más bajos del filo *Firmicutes*.
- Abundancia relativamente mayor de *Bacteroidetes* (bacterias cuyos metabolitos, especialmente el ácido propiónico, pueden influir en el comportamiento del SNC).

- Niveles menores de *Bifidobacterium* (el cual podría tener un papel protector dado sus propiedades antiinflamatorias).

Debido a este cambio, se produce una ruptura de la barrera epitelial intestinal y, por ello, se altera la permeabilidad intestinal. Esta condición, llamada "intestino permeable" puede permitir el paso de bacterias, toxinas y metabolitos que activan la respuesta inmune e inducen un estado inflamatorio en el torrente sanguíneo.

Tras esta activación del sistema inmunológico, se libera citocinas y quimiocinas inflamatorias que pueden modular el SNC y contribuir a la patogénesis del TEA al influir en las primeras etapas del desarrollo del cerebro. Así que, ¿por dónde van las líneas de investigación en cuanto a tratamiento?

Actualmente, no existen terapias definitivas o efectivas para los TEA. Los tratamientos aprobados y recomendados incluyen esencialmente rehabilitación, terapia educativa y enfoques psicofarmacológicos. Peeero, como te he comentado antes, existen muchas líneas de investigación dirigidas a la mejora de esta disbiosis y, con ella, de la sintomatología y severidad del TEA.

Los más estudiados han sido: prebióticos, probióticos y... el trasplante de microbiota fecal (sí, sé que quieres saber de qué va esto último.. Ahora te explico) Los prebióticos son compuestos no digeribles (es decir, inulina, oligosacáridos) que son metabolizados por el tracto intestinal y apoyan la proliferación de bacterias intestinales beneficiosas como lactobacilos y bifidobacterias. En cambio, los probióticos son los propios microorganismos vivos que intentan restaurar la microbiota saprofita intestinal beneficiosa.

Por último, el transplante involucra recoger las heces de un donante sano. Después, se mezclan con agua salina y se filtran. A continuación, se transfiere esta mezcla al colon mediante una colonoscopia. No obstante, estas bacterias también pueden introducirse mediante una sonda que va hasta el estómago a través de la boca. Y, por último, otro método es tragar cápsulas que contenga heces secas y congeladas del donante. Yo tengo claro cuál preferiría yo, no sé tú…

Así que, aunque las opciones terapéuticas son escasas para estos pacientes, estas nuevas líneas de investigación aportan un rayito de luz para los pacientes con TEA. ¿Qué te ha parecido el tema? ¿Conoces a alguna persona con TEA? ¿Te parece interesante este nuevo enfoque?

Capítulo 64.
Dona sangre y órganos

Las leucemias son enfermedades que afectan a alguna de los tipos celulares de la sangre (glóbulos rojos, glóbulos blancos y plaquetas) y en las que no existe una tumoración sólida. La enfermedad comienza con la alteración y crecimiento descontrolado de alguno de los tipos celulares en su lugar de producción, la médula ósea (interior de los huesos).

Este crecimiento descontrolado hace que estas células no maduren correctamente y pierdan sus funciones. Debido a su crecimiento acelerado, terminan ocupando el sitio en la médula ósea de las células sanas y, finalmente, saliendo al torrente sanguíneo (es así como podemos detectarlo en una analítica).

Por otra parte, no todas las leucemias necesitan de un trasplante de médula ósea, muchas tienen tratamientos farmacológicos de administración común. Pero ¿qué es un trasplante de médula ósea?

Un trasplante de médula ósea o trasplante de precursores hematopoyéticos es una terapia celular que pretende la sustitución de un sistema hematopoyético, previamente alterado, por otro sano capaz de reconstruirlo a largo plazo. Antes de introducir el sistema hematopoyético es necesario llevar a cabo un acondicionamiento con quimio o radioterapia. Existen dos tipos de trasplante.

- Autólogo: Se utiliza el sistema hematopoyético del propio paciente.
- Alogénico: Se utiliza el sistema hematopoyético de un donante sano compatible.

Nuestro sistema inmune no ataca a nuestras propias células sanguíneas ni al resto de cuerpo porque lo reconoce como nuestro, gracias a unas proteínas denominadas Antígenos Leucocitarios Humanos (HLA). De esta forma, si queremos restaurar el sistema hematopoyético, necesitamos que el HLA del donante sea lo más parecido posible al del sujeto que recibe la donación, para evitar que el cuerpo del paciente rechace la donación y, a su vez, que el nuevo sistema ataque al resto de órganos del paciente en la menor medida posible (enfermedad injerto contra huésped).

Lo ideal es hacer el trasplante entre hermanos con HLA idénticos: con nuestros padres e hijos solo compartimos la mitad de los HLA. Si no se encuentra nadie emparentado con una muy alta compatibilidad de HLA, se inicia la búsqueda de un donante no emparentado en los registros internacionales. Si aún no estás inscrito como donante de médula, este capítulo es una señal para que lo hagas: ¡puedes salvar la vida de alguien!

Estas donaciones pueden hacerse a través de un pinchacito directamente en la médula, a través de las crestas ilíacas (cada vez menos frecuente) o a través de una muestra de sangre periférica (como un análisis de sangre). En caso de no encontrar ningún donante adecuado se puede realizar un trasplante de precursores hematopoyéticos, procedentes del cordón umbilical.

¿Y si te digo que podemos usar la enfermedad injerto contra huésped a nuestro favor? Como hemos explicado en capítulos anteriores, nuestro sistema inmune es capaz de reconocer a nuestros órganos para no atacarlos. Pero, si introducimos el sistema hematopoyético de un donante con un HLA no idéntico, éste va a reconocer como extraños los órganos del paciente, de manera que puede atacar a los órganos del mismo y, a su vez, a los restos del tumor, produciéndose lo que se llama enfermedad injerto contra tumor. Con el trasplante estamos trasplantando progenitores sanos, pero también estamos implantando un sistema inmunológico capaz de destruir células tumorales de muchas maneras diferentes, lo cual disminuye también el riesgo de recaída.

Cada caso es único y, por eso, el especialista debe tratarlo de manera individualizada, pensando qué tipo de donante será mejor para cada paciente a corto y largo plazo. Lo que está claro es que, cuanto mayores sean los registros de donantes de médula ósea, más posibilidades habrá de salvar vidas.

Capítulo 65.
Tu cerebro te manipula

Los sentidos nos ayudan a reconocer el entorno, a encontrar posibles amenazas y actuar en consecuencia, nos evocan sentimientos y nos engañan. Los sentidos son complejos y los mecanismos moleculares implicados en ellos lo son aún más, por eso no es de extrañar que el premio Nobel de Fisiología o Medicina del año 2021 haya recaído en David Julius y Ardem Patapoutian, por el descubrimiento de los receptores del calor y del tacto, respectivamente.

Que levante la mano quien haya comido algo muy picante y los sudores se hayan apoderado de su frente. Esta sensación de ardor y picor, que viene acompañada de la sensación de calor, se debe a un componente activo: la capsaicina.

David Julius comenzó a interesarse en los años 90 por cómo este ingrediente activaba la sensación de calor, y llevó a cabo un proyecto para identificar el receptor involucrado en este mecanismo. Para ello, él y su equipo descubrieron y recopilaron una biblioteca de los genes que se expresaban en los cuerpos neuronales de neuronas sensoriales activadas por la capsaicina, a partir de ganglios de la raíz dorsal de roedores (Bibliotecas de ADNc).

Una vez conseguida esta biblioteca de ADNc, se transfectaron todos los posibles genes por lotes, en células que no eran sensibles a la capsaicina y se localizó un gen que daba lugar a la expresión de un receptor de membrana que cumplía las características. ¿Sería este el implicado? Así fue: identificaron al que desde entonces conocemos como receptor TRPV1, y descubrieron que no solo era sensible a la capsaicina, sino que también lo era a temperaturas superiores a 40°C.

Cuando la capsaicina o el calor llegan a las neuronas sensoriales se produce la apertura del canal, que provoca el movimiento de iones hacia dentro de la célula y la generación de impulsos eléctricos que nuestro cerebro interpreta como calor. Este receptor no es el único que detecta calor: existen otros y seguramente queden otros muchos por descubrir. Y, no solo tenemos receptores para el calor; también sabemos, gracias a Julius y a Patapoutian, de la existencia de receptores que permiten sentir el frío, en este caso el receptor TRPM8, que se activa también por un compuesto natural muy conocido: el mentol.

Pero Patapoutian no ha recibido el Nobel por este receptor, sino por descubrir los involucrados en el tacto. Imagina perder el sentido del tacto, no saber lo que estás tocando, no sentir un abrazo de un ser querido o lo que es peor, no sentir que te estás haciendo daño o que te has roto alguna parte de tu cuerpo. Pero ¿cómo funciona el tacto? O, mejor dicho, ¿cómo funciona la presión?

Patapoutian comenzó su investigación identificando una línea celular propiamente mecanosensible, es decir, sensible a la presión de manera natural: la conocemos como Neuro2A. En este caso, se siguió un protocolo parecido al seguido por Julius: se determinaron los genes que se expresaban en estas células y se fueron silenciando uno por uno, hasta encontrar el gen FAM38A, que al ser silenciado provocaba que la célula dejase de ser mecanosensible.

Este gen daba lugar a una proteína denominada PIEZO1, y posteriormente a otra llamada PIEZO2, que, si se expresaban en células no mecanosensibles de manera natural, conseguía convertirlas en células sensibles a la presión. Posteriormente, descubrió que PIEZO2 está presente en las neuronas sensoriales del ganglio de la raíz dorsal, dándole así el papel de principal receptor para sentir el tacto en mamíferos.

El mecanismo es igual al anteriormente descrito: cuando la neurona sensorial nota la presión se abre el receptor de la familia PIEZO y se produce un flujo de iones que da lugar a un impulso eléctrico que nuestro cerebro interpreta como tacto. Por cierto, ¿sabías que no todas las partes de nuestro cuerpo son igual de sensibles al tacto? Pero, este es tema para otro momento.

Capítulo 66.
¿Por qué lloraba sangre la estatua virgen María?

Remontemonos hace unos cuantos años…

¡Milagro! ¡Milagro! Gritaba un gran número de creyentes ansiosos por admirar este acto de Dios. La verdad, que debía haber sido impactante presentar esta escena, hubiese pagado muchísimo dinero por poder estar allí y verla en directo. No les culpo, muchas veces solo vemos lo que queremos ver. Y joder, que aparezca sangre en figuras religiosas es muy impactante y más en una época donde desconocemos por completo la microbiología.

El hecho de que sus estatuas lloren confirma la creencia de que Dios existe y se está manifestando para advertirnos de algo malo ¿Pero es cierto es que lloren o que apareciera sangre de cristo en las hostias sagradas?

La iglesia sigue opinando que se trata de una obra de Dios y como he dicho antes, no les culpo.

La ciencia siempre tiene una explicación y esta vez no iba a ser menos. ¿Qué es ese líquido rojizo color sangre que sale de los ojos de las vírgenes? Pues aviso que no te lo vas a creer.

Se trata de *Serratia marcescens* y *Serratia rubidea*, dos enterobacterias que producen ese pigmento que no es nada más que un derivado de carotenoides, pirroles, prodigiosita, etc. Este género de bacteria es un patógeno oportunista que afecta al tracto gastrointestinal, respiratorio y urinario de los adultos hospitalizados (enfermedades nosocomiales) y en adictos a la heroína.

Vale, todo esto tiene sentido. ¿Pero cómo han llegado estas bacterias ahí? Pues verás, estas bacterias están presentes en la caca de paloma. Y, como bien sabrás, las cacas contienen muchos parásitos y bacterias, entre los que se encuentra el género *Serratia*. Esto, sumado a algunos factores como cierta exposición a la luz, humedad, algunos nutrientes… ¡Apareció la magia!

La virgen lloraba sangre, en las hostias sagradas aprecia la sangre de cristo…

La bacteria se deposita en la figura y comienza a producir el pigmento rojo característico de la sangre. El problema es que este pigmento no se disuelve, porque debe acumularse bastante cantidad primero. Luego, la bacteria comienza a esparcirse por contacto por gran parte de la iglesia. Sí, las bacterias son móviles y, posteriormente, buscan por donde "salir" para eliminar su pigmento, produciendo este asombroso "milagro".

Así que, aquí tienes una explicación científica de cómo algunas veces la gente ve "llorar sangre" de figuras religiosas. El milagro de la ciencia.

Capítulo 67.
El botulismo y el tétanos

El tétanos y el botulismo. El botulismo y el tétanos. ¿Qué tienen que ver el uno con el otro? Pues, que ambos son parálisis. Uno se trata de una parálisis espástica (rígida) y el otro, de una flácida (con disminución del tono muscular).

Y, ¿cómo te quedas si te cuento que estos dos tipos de parálisis tan diferentes están producidos por el mismo género de bacterias? Pues sí, así es. ¡Te presento a los *Clostridium*!

Clostridium es un género de bacterias anaerobias estrictas (no emplean el oxígeno para su metabolismo) con pared celular grampositiva (se ven de color violeta tras la tinción de Gram). En su ciclo vital existen dos fases: la fase infectante o vegetativa y la fase de resistencia o esporulada, en la que se transforman en endosporas cuya función principal es asegurar la supervivencia en tiempos de adversidad ambiental. Por esto mismo, son bacterias bastante resistentes.

La palabra "Clostridium" proviene de "klostro" que, en latín, significa "huso de hilar". Y es que, vistas al microscopio, estas bacterias tienen forma de fósforo o de huso de hilar. Sí, esto ya es nivel friki.

Lo que sí me parece interesante resaltar de estas bacterias es la capacidad de producción de exotoxinas, las cuales son las responsables de los dos cuadros con los que iniciaba este capítulo. ¿Quieres saber cuáles son estas toxinas, qué mecanismo de acción tienen y cuáles son los receptores diana de éstas?

El tétanos es una enfermedad del SNC (sistema nervioso central) que produce un aumento del tono muscular y espasmos violentos. El responsable de este cuadro es el *Clostridium tetani* y, más concretamente, la tetanospasmina (la toxina liberada por la bacteria).

La puerta de entrada para las esporas suele ser una lesión cutánea (heridas penetrantes, tejidos desvitalizados, cuerpos extraños...). Una vez éstas contaminan la herida, se convierten en formas vegetativas (infectantes) y producen la tetanospasmina.

Ésta se une a las terminaciones de la neurona motora periférica, penetra en el axón y es transportada de manera retrógrada hasta el soma (cuerpo) neuronal en el tronco del encéfalo y/o la médula espinal. Es decir, de un pinchacito con un clavo en una mano, la toxina viaja por el nervio hasta la médula e incluso puede llegar a subir más, hasta alcanzar el encéfalo.

Allí, se desplaza a las terminales presinápticas, donde bloquea de manera irreversible la liberación de los neurotransmisores inhibidores. Por un lado, bloquea la liberación de glicina (responsable de los espasmos) y, por otro, la del ácido γ-aminobutrico (GABA) (que condiciona la rigidez). Por lo que, si bloqueas la inhibición realmente es como si estuvieras estimulando (aunque no directamente).

A parte de la rigidez y los espasmos comentados anteriormente, este bloqueo a nivel de las neuronas simpáticas paraganglionares en la sustancia gris externa de la médula espinal y centros parasimpáticos produce una hiperactividad simpática responsable de la clínica disautonómica (irritabilidad, insomnio, sudoración profusa, taquicardia y fiebre). Recordemos que esta parálisis espástica es dolorosa, con lo que tenemos a un paciente con una contracción generalizada, dolorosa, con fiebre y otra clínica disautonómica que hace que lo pase realmente mal.

Ahora que ya sabes la etiopatogenia del tétanos, ¿te atreves con la del botulismo? El botulismo es una enfermedad neuroparalizante, producida por una toxina del bacilo *Clostridium botulinum*, la toxina botulínica. Se han descrito 7 serotipos de toxinas (A-G). Las que más afectan al ser humano son: A, B, E y ocasionalmente F. La intoxicación por la A es la más grave.

Esta toxina tiene una diana diferente a la tetanospasmina en el sistema nervioso. Aunque también actúa a nivel presináptico, la toxina botulínica ejerce su acción en la unión neuromuscular (neuronas colinérgicas). Se une a su receptor y destruye el sistema de liberación de acetilcolina (impidiendo la liberación de la misma), con lo que provoca el cuadro de parálisis motora flácida que caracteriza al botulismo.

Un dato curioso sobre esta parálisis es que suele comenzar afectando a los nervios más cortos. Por esta razón, se afectan primeramente los pares craneales más altos con midriasis (pupilas dilatadas) y visión doble al dañar el nervio óptico. Posteriormente, se dañan los pares craneales bajos y, finalmente, los músculos periféricos.

Toda la fase de parálisis ocurre de forma bilateral (los dos lados del cuerpo) y simétrica (a la vez). Es por esto que la llamamos la parálisis flácida descendente.

¡Ah! y ¿sabías que la mayor parte de casos de botulismo se producen por consumir alimentos en conserva de fabricación casera en mal estado? Los adultos ingerimos la toxina pre-formada junto con el alimento. En el caso de los lactantes, suelen ingerir directamente las esporas de la bacteria que colonizan el tracto gastrointestinal, germinan como bacterias y liberan in vivo la toxina.

Así que, recapitulando. Nos encontramos ante un mismo género de bacterias, dos toxinas y dos parálisis completamente diferentes. Cada una con su mecanismo de acción y sus respectivas dianas, pero las dos altamente peligrosas.

Capítulo 68.
¿Por qué aúllan los perros cuando vas a morir?

Particularmente, se habla mucho de que los perros aúllan antes de que alguien muera, porque va a haber un terremoto o porque son capaces de percibir un fantasma o espíritu, pero ¿es esto cierto?

Desde la antigüedad, y a lo largo y ancho del mundo entero, cientos de personas han reportado conexiones entre el comportamiento animal y ciertos sucesos como las muertes de personas o los terremotos. Hasta la fecha, hay un gran debate en el mundo científico al respecto, pues a pesar de los testimonios y las historias que tantas personas comparten, aún queda mucho por investigar desde la perspectiva del rigor de la ciencia.

Aunque en los años setenta y noventa se hicieron algunos estudios sobre la relación entre el comportamiento animal y los sismos, los resultados fueron poco contundentes, motivo por el cual se sigue considerando que las historias de gente que asegura que sus perros, gatos u otro tipo de animales se comportan diferente antes de un temblor son solo "anécdotas".

Sin embargo, hay otros científicos como el biólogo Rupert Sheldrake y el psicólogo Stanley Coren, quienes se han especializado en el comportamiento canino y son autoridades en el tema. Ambos creen que podría haber mucho más allá que simples "anécdotas".

En realidad, ambos consideran que, más allá de un suceso sobrenatural o un "sexto sentido", son algunos factores los que los perros (y los animales en general) pueden percibir, como un cambio en las vibraciones de la Tierra. En el caso de la muerte, puede deberse a que, cuando alguien está enfermo, la gente cercana al perro y a la persona pueden estar tristes o puede haber cambios en la dinámica familiar, lo cual perciben y los hace estar ansiosos y sentirse solos, por lo que tienden a aullar.

Capítulo 69.
Avispas en los higos

Los higos no son frutas. Las fresas tampoco son frutas. No, no nos hemos vuelto locos. Las fresas son en realidad engrosamientos del receptáculo de su flor y los higos son flores invertidas. En este capítulo vamos a hablaros sobre una de las simbiosis más bonitas del reino vegetal y animal: la de las higueras y las avispas.

Como ya hemos adelantado, los higos no son frutas. Las flores de los higos crecen dentro de una vaina en forma de pera que madura hasta convertirse en lo que conocemos como el higo. Flores, en plural, porque no es una, son muchas flores, cada una de las cuales acaba dando un pequeño fruto llamado aquenio. Los higos maduros son infrutescencias, es decir, un fruto formado por muchos frutos, por eso son crujientes.

Al poseer una flor interna, no se la puede polinizar por el método clásico de polinización que todos hemos estudiado. Necesitan ayuda, pero, en este caso, cuentan con las avispas.

La avispa hembra entra en el higo masculino por un pequeño agujero, y una vez en el interior depositan sus huevos y el polen que arrastran del higo. Al intentar salir, siendo el agujero tan pequeño, pierden sus alas y quedan atrapadas en el interior, donde finalmente acaban muriendo. De los huevos depositados nacerán las larvas, que se alimentarán de ciertos tejidos del higo hasta el momento de salir.

Cuando llega la edad adulta, los machos y las hembras se aparean. Después, los machos cavan unos túneles para poder salir del higo, pero solo podrán hacerlo las hembras, ya que ellos no tienen alas. Las hembras salen con polen unido a su cuerpo y los machos simplemente mueren en el interior del higo.

Estas nuevas avispas podrán continuar el ciclo desde el principio, pero también puede ocurrir un error, y acabar entrando en un higo hembra, donde no puede reproducirse y dejar sus huevos, pero si arrastra consigo el polen que traía del higo masculino en el que nació. Así que nos encontramos con un caso de mutualismo en el que ambas especies salen beneficiadas.

Algunos insectos, incluidas otras avispas e incluso parásitos, son capaces de entrar en los higos para poner sus huevos, pero sin polinizar las flores. Pero, en este caso, hay algunos tipos de higueras donde el higo se pudre, evitando que se reproduzcan con éxito.

Pero, tranquilo, sé lo que estás pensando. Al comer el higo no estamos comiendo avispas, ya que el higo contiene ficina, que ayuda a descomponer al insecto.

Capítulo 70.
Píldoras curalotodo: Cuando el ketchup fue considerado medicina.

El médico John Cook Bennet pasó a la historia de la medicina por ser pionero en el uso del cloroformo como anestésico en 1848, pero este no fue su logro más relevante desde el punto de vista de la curiosidad científica. John también era un estudioso de la agricultura y la ganadería y realizó incursiones en estos campos.

Uniendo sus conocimientos sanitarios y agrícolas se convirtió en un acérrimo defensor del tomate y, en 1834, comenzó a promover su consumo, declarando que traía importantes beneficios para la salud. Es importante tener en cuenta que en esta época esta fruta (u hortaliza como se considera aún) se consideraba que no aportaba nada e incluso llegaba a ser considerada venenosa. En países anglosajones incluso decían que *"Los tomates estaban rojos con la sangre de los pobres que los comían"*. Aun así, en España e Italia el consumo era frecuente.

Bennet dio un paso más afirmando que el consumo de tomates podía curar enfermedades como la diarrea, gastritis, ictericia, indigestión. En resumidas cuentas, todo tipo de patologías digestivas e incluso reumatoides. Publicó un libro de recetas y posteriormente decidió que, si su consumo era tan bueno, quizás lo mejor sería poder administrarlo como cualquier otro medicamento en forma de píldora.

Las píldoras estaban fabricadas a partir de un preparado a base de tomates de origen británico y que recibía el nombre de ketchup en su origen, donde se utilizaba como condimento o acompañamiento de comidas, desde su creación en 1801. Por desgracia, no fue ágil y no patentó su invento. En 1827, Archibald Miles patentó un medicamento "curalotodo" al que llamó "Píldora higiénica americana" y posteriormente "extracto de tomate compuesto del Dr. Miles" que podía curar, según su inventor, desde la calvicie hasta el pie de atleta. Las pastillas fueron un éxito y se popularizaron por todo EE.UU.

Con el paso de los años, se descubrió que sus propiedades milagrosas en realidad no existían y estas píldoras fueron retiradas como medicamento, pero el éxito del kétchup era innegable. Comenzaron así las producciones caseras, en las que abundaba el uso de cualquier tipo de sustancia para intentar aumentar la vida útil del producto, lo que acabó por convertirlo en un producto potencialmente cancerígeno debido a las combinaciones utilizadas.

En 1876, Henry John Heinz consiguió la receta estrella que conocemos hoy en día. Pero ¿y si os decimos que quizás las píldoras tenían su fundamento?

El tomate es una fruta muy interesante desde el punto de vista nutricional porque es la fuente principal de licopenos en la alimentación. Los licopenos pertenecen al grupo de los carotenoides y son los que mayor cantidad de antioxidantes presentan. La forma cis del licopeno presente en el tomate procesado es más biodisponible que la forma trans presente en los tomates frescos, al cocinar el tomate, parte del licopeno pasa a forma cis, además, el calentamiento del tomate no disminuye la cantidad de licopeno.

Cuando el tomate se cocina en presencia de aceite aumenta el porcentaje de isómeros cis de licopeno, esta forma cis ha demsotrado además ser más antioxidante que la forma tras.

El procesamiento del tomate para producir ketchup aumenta la cantidad de esta forma cis del licopeno, presentando más cantidad de este compuesto que el tomate al natural

El licopeno es un gran antioxidante, con lo cual ayuda al organismo a disminuir los daños causados por los radicales libres que generan nuestras propias células durante el metabolismo y al reaccionar a cambios en el ambiente. A veces, los antioxidantes producidos por el propio organismo no son suficientes para frenar a estos radicales libres, por ello es importante consumir alimentos ricos en compuestos antioxidantes. Además, el licopeno se acumula de forma preferente en tejidos sensibles a los andrógenos, como la próstata, por lo que la ingesta de licopeno puede disminuir el riesgo de padecer cáncer de próstata. Además, el ketchup también es una gran fuente de vitamina C, potasio, folato y vitamina K.

Quizás, después de todo, John no estaba tan equivocado.

Capítulo 71.
Lo que con tembleque sale, con tembleque se cura: el Parkinson

La enfermedad de Parkinson se caracteriza por la pérdida (o degeneración) de neuronas en la sustancia negra, una estructura situada en la parte media del cerebro. Esta pérdida provoca una falta de dopamina en el organismo, una sustancia que transmite información necesaria para que realicemos movimientos con normalidad. Esta falta de dopamina hace que el control del movimiento se vea alterado, dando lugar a los síntomas motores típicos, como el temblor en reposo o la rigidez.

El síntoma cardinal es, sin duda, la bradicinesia (aunque muchos piensen que es el temblor, no es así). Esta hace referencia a la lentitud de los movimientos y cómo se afectan, sobre todo, los movimientos sincinéticos (mover los brazos al caminar o al hablar, o apoyarse en los brazos de la silla al levantarse).

Además, es muy característico la inexpresividad facial (hipomimia) y el habla monótona e hipofónica. La rigidez también es uno de los rasgos de esta enfermedad. Se caracteriza por una hipertonicidad con resistencia constante, uniforme, al movimiento pasivo; denominada "en tubo de plomo". Las personas con esta enfermedad suelen aquejar de dificultad para incorporarse o girarse en la cama.

Por último, debemos destacar el temblor. Es lento, entre 4 y 6 Hz, y se detecta preferentemente con el miembro en reposo. Con la postura o la acción suele desaparecer o disminuir, pero es típica su reaparición tras unos segundos de latencia (temblor reemergente).

Y, aunque estas sean las principales características de la enfermedad, aparecen de manera más temprana otra sintomatología que debería ponernos alerta. Es bastante frecuente el trastorno de conducta durante el sueño REM y la hiposmia (reducción parcial en la capacidad de percibir olores).

¿Cuál es el tratamiento actual de esta enfermedad? Ningún fármaco o terapia quirúrgica ha mostrado propiedades neuroprotectoras ni curativas. El tratamiento de la EP es sintomático y consiste en suplir de la forma más fisiológica posible el déficit bioquímico inducido por la pérdida neuronal.

Sin embargo, los fármacos dopaminérgicos pueden favorecer el desarrollo de problemas motores, presentando discinesias (conjunto de movimientos anormales); periodos "on-off", es decir, algunos pacientes oscilan de forma brusca, y en ocasiones imprevisible, de un estado de actividad motora normal "on", a otro de inactividad o bloqueos "off".

Estas fluctuaciones "on- off" pueden ser no solo motoras, sino acompañarse de angustia, inquietud, nerviosismo, síntomas vegetativos, calambres y dolores musculares. Además, estos fármacos pueden favorecer el desarrollo de problemas neuropsiquiátricos.

Dentro de ellos, destacamos varios: el trastorno del control de impulsos: compras compulsivas, juego patológico, hipersexualidad e ingesta compulsiva; el síndrome de disregulación dopaminérgica con consumo compulsivo de la medicación dopaminérgica y aumento de dosis y frecuencia de las tomas, a expensas de un empeoramiento de las fluctuaciones motoras y discinesias; y el punding (conductas repetitivas y/o fascinación por una tarea como coleccionar objetos, montar y desmontar aparatos eléctricos, recogida y ordenación de objetos.., con sensación de calma tras la realización del acto y disconfort si no se puede realizar.)

Por todo ello, se hace necesario un nuevo enfoque terapéutico para los pacientes con Parkinson. De entre todas las posibilidades, el HIFU se postula como un prometedor tratamiento de la enfermedad de Parkinson.

La cirugía con estimulación profunda en el tratamiento del Parkinson es eficaz, pero requiere de un procedimiento invasivo no exento de riesgos. Como alternativa, desde hace poco se ha comenzado a emplear el HIFU (High Intensitiy Focused Ultrasounds) que permite crear una lesión terapéutica en estructuras cerebrales profundas, incluido el núcleo subtalámico (diana neuroquirúrgica preferida para la estimulación cerebral profunda en pacientes con Parkinson). En cierto modo, permite producir una ablación como en la cirugía tradicional, pero sin cirugía.

El HIFU es un procedimiento sobre el cual hay cada vez más evidencia y centros con experiencia. Permite mejorar el temblor y otros síntomas como la rigidez, lentitud y torpeza de movimientos en el lado más afectado del cuerpo. Ésta es una de sus limitaciones, dado que sólo se trataría una parte del cerebro, pudiendo mejorar una única mitad del cuerpo.

Ya hay más de 80 centros en el mundo realizando HIFU y en 2019 se llevaron a cabo 1.100 procedimientos en todo el mundo. En España hay 3 centros que lo realizan: en Madrid, Barcelona y Pamplona. De hecho, el equipo del H. Puerta del Sur de Madrid acaba de publicar en The New England Journal of Medicine los resultados de un ensayo clínico sobre el uso del HIFU en pacientes con enfermedad de Parkinson.

En éste se concluyó que la subtalamotomía ecográfica focalizada (HIFU) en un hemisferio mejoró el grado de afectación motora en el lado más afectado del cuerpo en pacientes con enfermedad de Parkinson, seleccionados con signos asimétricos. Por otra parte, los eventos adversos incluyeron alteraciones del habla y de la marcha, debilidad del lado tratado y discinesia.

En general podríamos decir que el grado de mejoría a los 4 meses fue relevante y que los eventos adversos persistentes son poco frecuentes (aunque los transitorios sí que presentan una mayor frecuencia). Una de las incógnitas es saber cuál será la evolución de los pacientes a largo plazo, así como si en el futuro se podría realizar de forma bilateral (algo en lo que ya se está investigando).

Capítulo 72.
Vitamina D3, locura y vampiros

La vitamina D3, también conocida como colecalciferol, es una vitamina liposoluble esencial para la absorción de calcio y fósforo en el cuerpo humano y se puede obtener de dos maneras: a través de la exposición al sol y mediante la ingesta de alimentos ricos en vitamina D, como pescado graso, huevos y productos lácteos fortificados.

La vitamina D3 se sintetiza en la piel cuando se expone a la luz solar directa. Sin embargo, la exposición al sol de forma prolongada puede aumentar el riesgo de cáncer de piel, por lo que se recomienda una exposición moderada de 10 a 30 minutos al día para obtener los beneficios de la vitamina D3. Pero ¿qué pasa cuando no se cumplen estos mínimos durante mucho tiempo?

La vitamina D3 es importante para la salud ósea, ya que ayuda a absorber el calcio y el fósforo en el cuerpo, lo que puede prevenir la osteoporosis y otras enfermedades óseas. Además, se ha demostrado que la vitamina D3 también juega un papel importante en la función inmunológica y puede reducir el riesgo de enfermedades autoinmunitarias, infecciones respiratorias y enfermedades cardiovasculares.

A pesar de que la vitamina D3 se puede obtener de la exposición al sol y de la alimentación, algunas personas pueden tener deficiencia de vitamina D3. Los grupos de riesgo incluyen a los ancianos, las personas con piel oscura, las personas con poca exposición al sol y las personas con ciertas afecciones médicas que pueden afectar la absorción de la vitamina D3.

En estos casos, se puede recomendar la suplementación con vitamina D3 para alcanzar los niveles adecuados de la vitamina. Se recomienda consultar con un profesional de la salud antes de tomar cualquier suplemento de vitamina D3.

En resumen, la vitamina D3 es esencial para la salud ósea y la función inmunológica. Se puede obtener de la exposición al sol y la alimentación, pero en algunos casos puede ser necesario tomar un suplemento para alcanzar los niveles adecuados. Se recomienda una exposición moderada al sol y la consulta con un profesional de la salud antes de tomar cualquier suplemento.

Si con todo esto no conseguimos unos niveles adecuados, se puede entrar en una deficiencia crónica. Que afecta a nuestra salud mental. En los lugares donde más se ha visto esta afección es en los Países Nórdicos y en Escocia. Sobre todo, en Escocia, donde se cree que una parte de la población padece algún tipo de trastorno debido a la falta de vitamina D, llevándolos en algunos casos hasta la locura.

De ahí la similitud con los vampiros, blanquecinos, sin poder tomar el sol (unos por que no quieren, otros porque no pueden). Esto supone un grave problema para estas personas y la solución que se está dando es maravillosa: ¡Vacaciones por España! Eso es, 10 días en verano en España es suficiente para recuperar la vitalidad, para recargar esos niveles de vitamina D (que en muchos casos acaba en rojo nuclear y produce quemaduras fatales para la salud).

Lo importante es entender, que si vivimos en un lugar que no nos permite tomar el sol es importante que programemos ciertas visitas al extranjero para poder beneficiarnos de sus rayos solares. Tu salud mental te lo agradecerá. Los vampiros también.

Capítulo 73.
Leer este libro ha disminuido tu riesgo de demencia

Como habrás podido aprender acompañándonos a lo largo del libro, la enfermedad de Alzheimer es una enfermedad muy compleja cuyas causas y mecanismos aún no se conocen del todo bien. En el capítulo 59 hablamos sobre los dos tipos de enfermedad de Alzheimer que podemos distinguir: Alzheimer familiar y Alzheimer esporádico, y en este último encontramos diferentes factores de riesgo asociados al desarrollo de esta demencia, seguramente uno de ellos te llamó la atención: el nivel educativo.

Sí, diversos estudios han evaluado cómo el nivel educativo puede ser un factor de riesgo para desarrollar esta enfermedad, encontrando que a mayor nivel educativo menor era el riesgo de padecerla.

El mecanismo detrás de esta "protección" frente a la enfermedad de Alzheimer se desconoce. Se ha llegado a pensar que quizás las personas con un mayor nivel educativo no eran diagnosticadas con demencia porque estos años de estudio les permitían resolver con mayor facilidad los test que se realizan durante las primeras fases del diagnóstico de la enfermedad. Sin embargo, esta variable fue eliminada en otros estudios en los que el resultado fue el mismo: a mayor nivel educativo menor riesgo de padecer enfermedad de Alzheimer.

Uno de los mecanismos propuestos se basa en la reserva cognitiva de cada individuo, que postula que existen diferencias que permiten que determinados individuos puedan hacer frente mejor a esta enfermedad, es decir, sin sufrir tanto deterioro cognitivo.

Una mayor reserva cognitiva puede deberse a diferencias en la anatomía del cerebro (un mayor tamaño del cerebro, un mayor número de sinapsis o una mayor plasticidad neuronal). Haber alcanzado niveles educativos más altos puede dar lugar a un uso más eficaz de las redes cerebrales, lo que se traduce en una mayor capacidad para soportar el daño cerebral sin déficits observables en la cognición.

Leer este libro esperamos que te haya hecho aprender curiosidades que desconocías sobre el mundo que nos rodea, y quizás, con suerte, hayamos contribuido ligeramente a aumentar tu plasticidad neuronal y a disminuir tu riesgo de padecer demencia.

Conclusión

Cuando eres pequeño cada día de tu vida es una nueva aventura. La mayoría de los niños pasan por la temida fase del "¿y por qué?". Todo, absolutamente todo es nuevo para ellos. Seguramente, quienes seáis padres, habréis tenido que enfrentaros a preguntas tan sencillas que la respuesta se hacía terriblemente complicada. ¿Por qué el cielo es azul? ¿Por qué los peces pueden respirar debajo del agua? ¿Por qué se nos arrugan los dedos en el agua? Preguntas inocentes, pero que se pueden resolver con ciencia.

Al crecer, ese "¿y por qué?" comienza a desvanecerse, quizás tiene algo que ver esa época tan compleja que llamamos adolescencia y el miedo a hacer el ridículo ¡ay el ridículo! Pero por suerte, en muchos de nosotros queda dentro ese germen de curiosidad.

El mundo que nos rodea es fascinante casi tanto como comprender los mecanismos que subyacen a lo cotidiano. La ciencia es maravillosa, y te permite enfrentarte cada día a algo nuevo, responder cada día a tu "¿y por qué?".

Con este libro esperamos haber acercado un poco más la ciencia del día a día a quienes así lo desean, a quienes aún tienen dentro de sí ese niño/a que desea conocer el porqué de las cosas.

BONUS EXTRA

Si quieres más capítulos como estos totalmente gratis, solo tienes que añadir una reseña en AMAZON y enviarnos captura a bioemprenderinfo@gmail.com , te enviaremos un libro más a tu correo para que puedas seguir disfrutando del libro.

PUEDES SABER MÁS DE NOSOTROS EN:

Instagram | @bioaprender @bioemprender

LinkedIN | Aitor Gálvez Belda, Cheyenne Braojos Molero de Ávila

Twitter | @bioaprender, bioemprenderES

Telegram | T.me/bioemprender (entra aquí si quieres ver ofertas de empleo en el ámbito científico)

Mail de contacto | aitor.galvez@sanitalent.com (para promociones), bioemprenderinfo@gmail.com (para todo lo demás)
Y por supuesto, visita muchos más capítulos como estos en el blog de nuestra web | **bioemprender.com/divulgación.**

Agradecimientos

A todos los que luchan por un mundo con menos sufrimiento, con más posibilidades, con menos desconocimiento, con más oportunidades, un mundo menos ignorante y más sabio que ayude a los que nos siguen, a tener un camino con un sendero más libre de maleza que permita una sociedad más avanzada para todos. A ti, que eres científico pues.

Referencias

Capítulo 1:

- *Galetta SL, May M (1999). The facial nerve and related disorders of the face. En: Neuro-ophthalmology, (pp 293-395). Philadelphia: Lippincott Williams.*
- *Garmizo G (1987). Crocodile tears syndrome. Journal of the American Optometric Association. Vol 58, number 6.*

Capítulo 2:

- *Bennet I. Omalu, M.D., M.P.H., Steven T. DeKosky, M.D., Ryan L. Minster, M.S.I.S., M Ilyas Kamboh, Ph.D., Ronald L. Hamilton, M.D., Cyril H. Wecht, M.D., J.D., Chronic Traumatic Encephalopathy in a National Football League Player, Neurosurgery, Volume 57, Issue 1, July 2005, Pages 128–134.*
- *Barrio JR, Small GW, Wong KP, Huang SC, Liu J, Merrill DA, Giza CC, Fitzsimmons RP, Omalu B, Bailes J, Kepe V. In vivo characterization of chronic traumatic encephalopathy using [F-18]FDDNP PET brain imaging. Proc Natl Acad Sci U S A. 2015 Apr 21;112(16):E2039-47.*

Capítulo 3:

- *Herder WW. The History of Acromegaly. Neuroendocrinology. 2016;103(1):7-17. doi:*

10.1159/000371808. Epub 2015 Jan 5. PMID: 25572320.

Capítulo 4:

- Pohanka M. (2019). Antidotes Against Methanol Poisoning: A Review. Mini reviews in medicinal chemistry, 19(14), 1126-1133.https://doi.org/10.2174/1389557519666190312150407
- Delker, E., Brown, Q., & Hasin, D. S. (2016). Alcohol Consumption in Demographic Subpopulations: An Epidemiologic Overview. Alcohol research : current reviews, 38(1), 7-15.

Capítulo 5:

- Lim, M.M., Young, L.J, 2006. Neuropeptidergic regulation of affiliative behavior and social bonding in animals. Horm. Behav. 50(4):506-517.
- Berridge K.C, Kringelbach M.L. (2016). Pleasure systems in the brain. Neuron. 86(3): 646-664. doi:10.1016/j.neuron.2015.02.018
- Bosch O.J., Neumann I.D., 2012. Both oxytocin and vasopressin are mediators of maternal care and aggression in rodents: from central release to sites of action. Horm. Behav. 61:293-303. doi:10.1016/j.yhbeh.2011.11.002.
- Nagasawa M, Okabe S, Kazutaka Mogi K, Takefumi Kikusui T. (2012). Oxytocin and mutual communication in

mother-infant bonding. Front Hum Neurosci. doi: 10.3389/ fnhum.2012.00031

Capítulo 6:

- *Giuliano, F.; Allard J. (2001). Dopamine and sexual function. Int J Impot Press.*
- *Sabelli H, Javaid J.(1995). Phenylethlyamine modulation of affect: therapeutic and diagnostic implications. Journal of Neuropsychiatry, 7:6-14.*
- *Fisher, H. (2004). Why We Love: The Nature and Chemistry of Romantic Love. New York: Henry Holt.*
- *Sternberg, R. J. (1986). A Triangular Theory of Love. Psychological Review, 93: 119-135. https://doi.org/10.1037/0033-295X.93.2.119*

Capítulo 7:

- *Justice, Michael. "Light Pollution and Insects: Insect Attraction to Various Types of Residential Lights." Global Science Engagement, AAAS 2016 Annual Meeting, 14 Feb. 2016, Washington DC.*
- *Dern, Evan. "Light Pollution Decimates Insects in the Environment." FAU Astronomical Observatory, Florida Atlantic University Department of Physics.*
- *https://www.nationalgeographic.com/animals/invertebrates/group/mosquitoes/*

Capítulo 8:

- *Placet M., Battyr R.E., Fehsenfeld F.C. & Basset G.W. 1990, 'Emissions involved in acidic deposition processes', Acidic Deposition: State of Science and Technology, Volume 1, National Acid Precipitation Assessment Program, Washington, D.C*
- *Kirstine W., Galbally I.E., Ye Y. & Hooper M.A. 1998, 'Emissions of volatile organic compounds (primarily oxygenated species) from pasture', J. Geophys. Res. 103:10605-10620.*
- *Flowers respond to pollinator sound within minutes by increasing nectar sugar concentration - Veits - 2019 - Ecology Letters - Wiley Online Library*

Capítulo 9:

- *Dunning, D. (2011). The Dunning–Kruger effect: On being ignorant of one's own ignorance. In Advances in experimental social psychology (Vol. 44, pp. 247-296). Academic Press.*

Capítulo 10:

- *Derkinderen, P. (2019). Could it be that neurodegenerative diseases are infectious? Revue Neurologique. doi:10.1016/j.neurol.2019.07.003*
- *Li J-Y, Englund E, Holton JL, Soulet D, Hagell P, Lees AJ, et al. Lewy bodies in grafted neurons in subjects with Parkinson's disease suggest host-to-graft disease propagation. Nat Med 2008;14:501–3. http://dx.doi.org/10.1038/nm1746.*

- *Baker HF, Ridley RM, Duchen LW, Crow TJ, Bruton CJ. Induction of beta (A4)-amyloid in primates by injection of Alzheimer's disease brain homogenate. Comparison with transmission of spongiform encephalopathy. Mol Neurobiol 1994;8:25–39. http://dx.doi.org/10.1007/BF02778005.*
- *Zeidler M. (2007) Prion diseases. En: Goldman L, Ausiello D, eds. Cecil Medicine. 23ª ed. Saunders Elsevier, Filadelfia. : capítulo 442.*

Capítulo 11:

- *Clark, J., Hollon, N. and Phillips, P., 2012. Pavlovian valuation systems in learning and decision making. Current Opinion in Neurobiology, 22(6), pp.1054-1061.*
- *Inside Out. 2015. [film] Directed by P. Docter and R. Del Carmen.*
- *McDonald, S., 2017. Emotions Are Rising: The Growing Field of Affect Neuropsychology. Journal of the International Neuropsychological Society, 23(9-10), pp.719-731.*
- *Rubin, D., Schrauf, R. and Greenberg, D., 2003. Belief and recollection of autobiographical memories. Memory & Cognition, 31(6), pp.887-901.*
- *Schie, C., Chiu, C., Rombouts, S., Heiser, W. and Elzinga, B., 2019. When I relive a positive me: Vivid autobiographical memories facilitate autonoetic brain activation and enhance mood. Human Brain Mapping, 40(16), pp.4859-4871.*

Capítulo 12:

- *Cytowic, R. E. (2002). Synesthesia: A union of the senses. MIT press.*
- *Ward, J. (2013). Synesthesia. Annual review of psychology, 64, 49-75.*
- *Martino, G., & Marks, L. E. (2001). Synesthesia: Strong and weak. Current Directions in Psychological Science, 10(2), 61-65.*
- *Grossenbacher, P. G., & Lovelace, C. T. (2001). Mechanisms of synesthesia: cognitive and physiological constraints. Trends in cognitive sciences, 5(1), 36-41.*
- *Hubbard, E. M., & Ramachandran, V. S. (2005). Neurocognitive mechanisms of synesthesia. Neuron, 48(3), 509-520.*
- *Balvin, J. (2020). Colores [Online]. Universal Music. Universal Music.*

Capítulo 13:

- *Hussa, R. O. (1987) The Clinical Marker hCG, Praeger, New York*
- *Puisieux A, Bellet D, Troalen F, Razafindratsita A, Lhomme C, Bohuon C, Bidart JM. Occurrence of fragmentation of free and combined forms of the beta-subunit of human chorionic gonadotropin. Endocrinology. 1990 Feb;126(2):687-94. doi: 10.1210/endo-126-2-687. PMID: 1688794.*

- *Bidart, J. M., Puisieux, A., Troalen, F., Foglietti, M. J., Bohuon, C., & Bellet, D. (1988). Characterization of a cleavage product in the human choriogonadotropin β-subunit. Biochemical and biophysical research communications, 154(2), 626-632.*

Capítulo 14:

- *The Aspergillus Website*
- *Woodcock AA, Steel N, Moore CB, Howard SJ, Custovic A, Denning DW. Fungal contamination of bedding. Allergy. 2006;61(1):140-142. doi:10.1111/j.1398-9995.2005.00941.x*
- *Raúl Rivas. *La maldición de Tutankamón y otras historias de la microbiología*. Gaudalmazán, Córdoba, 2019.*
- *Hanna M.Szczepanowska, A.Ralph Cavaliere. Tutankhamun Tomb: A Closer Look at Biodeterioration – Preliminary Report. 2004.*
- *Sandle, Tim. Pharaohs and Mummies: Diseases of Ancient Egypt and Modern Approaches. 2013.*
- *Cox AM. The death of Lord Carnarvon. Lancet 2003; 361**:** 1994.*

Capítulo 15:

- *Harlow,J.M. (1868) Pub. Mass. Med. Soc. 2,327.*
- *Damasio, H., Grabowski, T., Frank, R., Galaburda, A. M., & Damasio, A. R. (1994). The return of Phineas*

Gage: clues about the brain from the skull of a famous patient. Science, 264(5162), 1102-1105.

Capítulo 16:

- Hutchins, E. D., Markov, G. J., Eckalbar, W. L., George, R. M., King, J. M., Tokuyama, M. A., ... Kusumi, K. (2014). Transcriptomic Analysis of Tail Regeneration in the Lizard Anolis carolinensis Reveals Activation of Conserved Vertebrate Developmental and Repair Mechanisms. PLoS ONE, 9(8), e105004.

Capítulo 17:

- https://www.rtve.es/noticias/20190809/carne-artificial-alimento-laboratorio-aspira-salvar-planeta/1976691.shtml
- https://www.nytimes.com/2020/12/02/business/singapore-lab-meat.html
- Hutchins, E. D., Markov, G. J., Eckalbar, W. L., George, R. M., King, J. M., Tokuyama, M. A., ... Kusumi, K. (2014). Transcriptomic Analysis of Tail Regeneration in the Lizard Anolis carolinensis Reveals Activation of Conserved Vertebrate Developmental and Repair Mechanisms. PLoS ONE, 9(8), e105004.

Capítulo 18:

- Schenberg, E. (2014). The Mythical Brain: Is the Science of Movie Lucy Wrong?. Journal of Consciousness Exploration & Research, 5(11).

- *Laufs H, Krakow K, Sterzer P, Eger E, Beyerle A, Salek-Haddadi A, Kleinschmidt A. Electroencephalographic signatures of attentional and cognitive default modes in spontaneous brain activity fluctuations at rest. Proc Natl Acad Sci U S A. 2003 Sep 16;100(19):11053-8.*

Capítulo 19:

- *Van Dongen, P. W., & de Groot, A. N. (1995). History of ergot alkaloids from ergotism to ergometrine. European Journal of Obstetrics & Gynecology and Reproductive Biology, 60(2), 109-116.*
- *Caporael, L. R. (1976). Ergotism: The Satan Loosed in Salem? Convulsive ergotism may have been a physiological basis for the Salem witchcraft crisis in 1692. Science, 192(4234), 21-26.*

Capítulo 20:

- *Kress, T., & Daum, I. (2003). Developmental prosopagnosia: A review. Behavioural neurology, 14(3-4), 109-121.*
- *Bruyer, R. (1991). Covert face recognition in prosopagnosia: A review. Brain and Cognition, 15(2), 223-235.*
- *Damasio, A. R. (1985). Prosopagnosia. Trends in Neurosciences, 8, 132-135.*
- *Behrmann, M., & Avidan, G. (2005). Congenital prosopagnosia: face-blind from birth. Trends in cognitive sciences, 9(4), 180-187.*
- *Albonico, A., & Barton, J. (2019). Progress in perceptual research: The case of prosopagnosia. F1000Research, 8.*

- *Corrow, S. L., Dalrymple, K. A., & Barton, J. J. (2016). Prosopagnosia: current perspectives. Eye and brain, 8, 165.*
- *Kleinschmidt, A., & Cohen, L. (2006). The neural bases of prosopagnosia and pure alexia: recent insights from functional neuroimaging. Current opinion in neurology, 19(4), 386-391.*

Capítulo 21:

- *Brown, S., Fraga, L. R., Cameron, G., Erskine, L., & Vargesson, N. (2018). The Primodos components Norethisterone acetate and Ethinyl estradiol induce developmental abnormalities in zebrafish embryos. Scientific reports, 8(1), 1-14.*
- *Mastrup, M., Schäfer, A. I., & Khan, S. J. (2005). Predicting fate of the contraceptive pill in wastewater treatment and discharge. Water science and technology, 52(8), 279-286.*
- *Maeda, E., Murata, K., Kumazawa, Y., Sato, W., Shirasawa, H., Iwasawa, T., ... & Terada, Y. (2019). Associations of environmental exposures to methylmercury and selenium with female infertility: A case–control study. Environmental research, 168, 357-363.*
- *Al-Saleh, I., Coskun, S., Al-Doush, I., Al-Rajudi, T., Al-Rouqi, R., Abduljabbar, M., & Al-Hassan, S. (2019). Exposure to phthalates in couples undergoing in vitro fertilization treatment and its association with oxidative stress and DNA damage. Environmental research, 169, 396-408.*
- *Monclús, L., Lopez-Bejar, M., De la Puente, J., Covaci, A., & Jaspers, V. L. (2018). First evaluation of the use of*

down feathers for monitoring persistent organic pollutants and organophosphate ester flame retardants: A pilot study using nestlings of the endangered cinereous vulture (Aegypius monachus). Environmental Pollution, 238, 413-420.
- *Freeman, N. E., & Newman, A. E. (2018). Quantifying corticosterone in feathers: validations for an emerging technique. Conservation Physiology, 6(1), coy051.*

Capítulo 22:

- *Stabler, D., Power, E. F., Borland, A. M., Barnes, J. D., & Wright, G. A. (2018). A method for analysing small samples of floral pollen for free and protein-bound amino acids. Methods in ecology and evolution, 9(2), 430-438.*
- *Pearson, D. L. (1984). Pollen/spore color "standard". Phillips Petroleum Company Exploration Projects Section (reproduced in Traverse, A., 1988. Palaeopalynology, Plate 1. Unwin Hyman, Boston).*

Capítulo 23:

- *Bunge, M. **(1976). ¿Qué es la ciencia? En La ciencia. Su método y su filosofía. (pp. 6-23). Buenos Aires: Siglo Veinte.***
- *Rosa, L. et al. (1998). A close look at therapeutic touch. Journal of American Medical Association 279: 1005-1010*
- *Sarner, L. (1998). The "Emily Event": Emily Rosa and the therapeutic touch wars. Skeptic Magazine 6: 14.*

Capítulo 24:

- *Lino, CA, Harper, JC, Carney, JP y Timlin, JA (2018). Entrega de CRISPR: una revisión de los desafíos y enfoques. Administración de fármacos ,*
- *Mojica FJ, Diez-Villasenor C, Garcia-Martinez J, Soria E. (2005). Intervening sequences of regularly spaced prokaryotic repeats derive from foreign genetic elements. J Mol Evol 60:174–82.*
- *Mojica FJ, Diez-Villasenor C, Soria E, Juez G. (2000). Biological significance of a family of regularly spaced repeats in the genomes of Archaea, Bacteria and mitochondria. Mol Microbiol 36:244–6.*
- *Mojica FJ, Juez G, Rodriguez-Valera F. (1993). Transcription at different salinities of Haloferax mediterranei sequences adjacent to partially modified PstI sites. Mol Microbiol 9:613–21.*
- *Shipman, S., Nivala, J., Macklis, J. et al. Codificación CRISPR-Cas de una película digital en los genomas de una población de bacterias vivas. Nature* **547,** *345–349 (2017). https://doi.org/10.1038/nature23017*
- *https://www.biohackersnetflix.com/*
- *https://www.uam.es/UAM/28_05_CRISPR_PMarquez/1446782583868.htm?language=es&pid=1242652961025&title=La%20historia%20de%20CRISPR/Cas9*

Capítulo 25:

- *Kendall, S. B. (1974). PREFERENCE FOR INTERMITTENT REINFORCEMENT 1. Journal of the Experimental Analysis of Behavior, 21(3), 463-473.*

Capítulo 26:

- *Zwiernik, J., Artukowicz, T., Zwiernik, B., Matyskieła, T., Gimeła-Dargiewicz, M., Rakowska, A., ... & Rotkiewicz, E. (2019). Therapeutic applicability of helminths in autoimmune diseases—literature overview. Przeglad Gastroenterologiczny, 14(3), 168.*
- *Ashiri, A., Beiromvand, M., & Khanzadeh, A. (2019). Strongyloides stercoralis infection in a patient with rheumatoid arthritis and type 2 diabetes mellitus: a case-based review. Clinical rheumatology, 38(11), 3093-3098.*
- *Rajamanickam, A., Munisankar, S., Bhootra, Y., Dolla, C., Thiruvengadam, K., Nutman, T. B., & Babu, S. (2019). Metabolic consequences of concomitant Strongyloides stercoralis infection in patients with type 2 diabetes mellitus. Clinical Infectious Diseases, 69(4), 697-704.*

Capítulo 27:

- *Bloch, M. H., & Leckman, J. F. (2009). Clinical course of Tourette syndrome. Journal of psychosomatic research, 67(6), 497-501.*
- *Robertson, M. M., Eapen, V., Singer, H. S., Martino, D., Scharf, J. M., Paschou, P., ... & Leckman, J. F. (2017).*

Gilles de la Tourette syndrome. Nature reviews Disease primers, 3(1), 1-20.

Capítulo 28:

- *Acheson, K. J., Gremaud, G., Meirim, I., Montigon, F., Krebs, Y., Fay, L. B., Gay, L. J., Schneiter, P., Schindler, C., & Tappy, L. (2004). Metabolic effects of caffeine in humans: Lipid oxidation or futile cycling? American Journal of Clinical Nutrition, 79(1), 40–46.* https://doi.org/10.1093/ajcn/79.1.40
- *Arranz, S., Valderas-Martinez, P., Chiva-Blanch, G., Casas, R., Urpi-Sarda, M., Lamuela-Raventos, R. M., & Estruch, R. (2013). Cardioprotective effects of cocoa: Clinical evidence from randomized clinical intervention trials in humans. In Molecular Nutrition and Food Research (Vol. 57, Issue 6, pp. 936–947).* https://doi.org/10.1002/mnfr.201200595
- *Astrup, A., Toubro, S., Cannon, S., Hein, P., & Madsen, J. (1991). Thermogenic synergism between ephedrine and caffeine in healthy volunteers: A double-blind, placebo-controlled study. Metabolism, 40(3), 323–329.* https://doi.org/10.1016/0026-0495(91)90117-F
- *Carrageta, D. F., Dias, T. R., Alves, M. G., Oliveira, P. F., Monteiro, M. P., & Silva, B. M. (2018). Anti-obesity potential of natural methylxanthines. Journal of Functional Foods, 43, 84–94.* https://doi.org/10.1016/J.JFF.2018.02.001
- *Cherniack, E. P., Buslach, N., & Lee, H. F. (2018). The Potential Effects of Caffeinated Beverages on Insulin*

- Sensitivity. *Journal of the American College of Nutrition, 37*(2), 161–167. https://doi.org/10.1080/07315724.2017.1372822
- Davoodi, S. H., Hajimiresmaiel, S. J., Ajami, M., Mohseni-Bandpei, A., Ayatollahi, S. A., Dowlatshahi, K., Javedan, G., & Pazoki-Toroudi, H. (2014). Caffeine treatment prevented from weight regain after calorie shifting diet induced weight loss. *Iranian Journal of Pharmaceutical Research, 13*(2), 707–718. https://doi.org/10.22037/ijpr.2014.1516
- Hooper, L., Kay, C., Abdelhamid, A., Kroon, P. A., Cohn, J. S., Rimm, E. B., & Cassidy, A. (2012). Effects of chocolate, cocoa, and flavan-3-ols on cardiovascular health: a systematic review and meta-analysis of randomized trials. *The American Journal of Clinical Nutrition, 95*(3), 740–751. https://doi.org/10.3945/ajcn.111.023457
- Jang, M. H., Kang, N. H., Mukherjee, S., & Yun, J. W. (2018). Theobromine, a Methylxanthine in Cocoa Bean, Stimulates Thermogenesis by Inducing White Fat Browning and Activating Brown Adipocytes. *Biotechnology and Bioprocess Engineering, 23*(6), 617–626. https://doi.org/10.1007/s12257-018-0434-y
- Jang, Y. J., Koo, H. J., Sohn, E. H., Kang, S. C., Rhee, D. K., & Pyo, S. (2015). Theobromine inhibits differentiation of 3T3-L1 cells during the early stage of adipogenesis via AMPK and MAPK signaling pathways. *Food and Function, 6*(7), 2365–2374. https://doi.org/10.1039/c5fo00397k
- Turnbull, D., Rodricks, J. V., Mariano, G. F., & Chowdhury, F. (2017). Caffeine and cardiovascular health.

- *Regulatory Toxicology and Pharmacology, 89, 165–185. https://doi.org/10.1016/j.yrtph.2017.07.025*
- *Mitani, T., Watanabe, S., Yoshioka, Y., Katayama, S., Nakamura, S., & Ashida, H. (2017). Theobromine suppresses adipogenesis through enhancement of CCAAT-enhancer-binding protein β degradation by adenosine receptor A1. Biochimica et Biophysica Acta - Molecular Cell Research, 1864(12), 2438–2448. https://doi.org/10.1016/j.bbamcr.2017.09.017*
- *Yarmolinsky, J., Mueller, N. T., Duncan, B. B., Del Carmen Bisi Molina, M., Goulart, A. C., & Schmidt, M. I. (2015). Coffee consumption, newly diagnosed diabetes, and other alterations in glucose homeostasis: A cross-sectional analysis of the Longitudinal Study of Adult Health (ELSA-Brasil). PLoS ONE, 10(5), 1–15. https://doi.org/10.1371/journal.pone.0126469.*

Capítulo 29:

- *Fiore, A. M., Naik, V., Spracklen, D. V., Steiner, A., Unger, N., Prather, M., ... & Zeng, G. (2012). Global air quality and climate. Chemical Society Reviews, 41(19), 6663-6683.soga_2019_report.pdf (stateofglobalair.org)*
- *Directive 89/391/EEC on the introduction of measures to encourage improvements in the safety and health at work.*
- *Directive 2004/37/EC on the protection of workers from the risks related to exposure to carcinogens or mutagens.*

Capítulo 30:

- *Hocquette, J. F. (2005). Where are we in genomics?. Journal of Physiology and Pharmacology, 56, 37.*
- *Macías Silva, M. (2016). Voyage from fiction to reality: organs-on-chips in the Service of Science and Medicine. Revista odontológica mexicana, 20(2), 74-75.*
- *Bein, A., Shin, W., Jalili-Firoozinezhad, S., Park, M. H., Sontheimer-Phelps, A., Tovaglieri, A., ... & Ingber, D. E. (2018). Microfluidic organ-on-a-chip models of human intestine. Cellular and molecular gastroenterology and hepatology, 5(4), 659-668.*
- *Bang, S., Jeong, S., Choi, N., & Kim, H. N. (2019). Brain-on-a-chip: A history of development and future perspective. Biomicrofluidics, 13(5), 051301.*
- *Trujillo-de Santiago, G., Flores-Garza, B. G., Tavares-Negrete, J. A., Lara-Mayorga, I. M., González-Gamboa, I., Zhang, Y. S., ... & Álvarez, M. M. (2019). The tumor-on-chip: Recent advances in the development of microfluidic systems to recapitulate the physiology of solid tumors. Materials, 12(18), 2945.*

Capítulo 31:

- *Abrams, S. T., Zhang, N., Manson, J., Liu, T., Dart, C., Baluwa, F., ... & Toh, C. H. (2013). Circulating histones are mediators of trauma-associated lung injury. American journal of respiratory and critical care medicine, 187(2), 160-169.*
- *Chaput, C., & Zychlinsky, A. (2009). Sepsis: the dark side of histones. Nature medicine, 15(11), 1245-1246.*

- *Chen, R., Kang, R., Fan, X. G., & Tang, D. (2014). Release and activity of histone in diseases. Cell death & disease, 5(8), e1370-e1370.*
- *Dhall, A., & Chatterjee, C. (2011). Chemical approaches to understand the language of histone modifications. ACS chemical biology, 6(10), 987-999.*
- *Long, H., Yin, H., Wang, L., Gershwin, M. E., & Lu, Q. (2016). The critical role of epigenetics in systemic lupus erythematosus and autoimmunity. Journal of autoimmunity, 74, 118-138.*
- *Ekaney, M. L., Otto, G. P., Sossdorf, M., Sponholz, C., Boehringer, M., Loesche, W., ... & Claus, R. A. (2014). Impact of plasma histones in human sepsis and their contribution to cellular injury and inflammation. Critical care, 18(5), 1-9.*
- *Feinberg, A. P. (2018). The key role of epigenetics in human disease prevention and mitigation. New England Journal of Medicine, 378(14), 1323-1334.*
- *Flavahan, W. A., Gaskell, E., & Bernstein, B. E. (2017). Epigenetic plasticity and the hallmarks of cancer. Science, 357(6348), eaal2380.*

Capítulo 32:

- *Amin, T., & Mercer, J. G. (2016). Hunger and Satiety Mechanisms and Their Potential Exploitation in the Regulation of Food Intake. Current obesity reports, 5(1), 106–112.https://doi.org/10.1007/s13679-015-184-5*
- *Bouret SB, Levin BE, Ozanne SE. Gene-environment interactions controlling energy and glucose homeostasis and the*

- *developmental origins of obesity. Physiol Rev. 2015;95:47–82. doi: 10.1152/physrev.00007.2014.*
- *Hussain SS, Bloom SR. The regulation of food intake by the gut-brain axis: implications for obesity. In J Obesity. 2013;37:625–633. doi: 10.1038/ijo.2012.93.*
- *Loh K, Herzog H, Shi Y-C. (2016). Regulation of energy homeostasis by the NPY system, Trends Endocrinol Metabolism. 26(3):125–135, DOI: http://dx.doi.org/10.1016/j.tem.2015.01.003*
- *Mercer JG, Johnstone AM, Halford JCG. Approaches to influencing food choice across the age groups: from children to the elderly. Proc Nut Soc. 2015;74:149–157. doi: 10.1017/S0029665114001712.*
- *Seidell JC, Halberstadt J. The global burden of obesity and the challenges of prevention. Ann Nutr Metab. 2015;66(suppl 2):7–12. doi: 10.1159/000375143.*
- *Yeo GSH, Heisler LK. Unraveling the brain regulation of appetite: lessons from genetics. Nature Neurosci. 2012;15(10):1343–1349. doi: 10.1038/nn.3211.*

Capítulo 33:

- *Pujol, M., & Limón, E. (2013). Epidemiología general de las infecciones nosocomiales. Sistemas y programas de vigilancia. Enfermedades infecciosas y microbiología clínica, 31(2), 108-113.*
- *Jiang, W. L., Hu, X. P., Hu, Z. P., Tang, Z., Wu, H. B., Chen, L. H., ... & Jiang, Y. A. (2018). Morbidity and mortality of nosocomial infection after cardiovascular surgery:*

a report of 1606 cases. *Current Medical Science, 38(2),* 329-335.
- Pigrau, C. (2013). Infecciones del tracto urinario nosocomiales. *Enfermedades infecciosas y microbiología clínica, 31(9),* 614-624.
- Imwattana, K., Knight, D. R., Kullin, B., Collins, D. A., Putsathit, P., Kiratisin, P., & Riley, T. V. (2020). Antimicrobial resistance in Clostridium difficile ribotype 017. *Expert Review of Anti-infective Therapy, 18(1),* 17-25.
- Fatima, R., & Aziz, M. (2019). The hypervirulent strain of Clostridium difficile: NAP1/B1/027-a brief overview. *Cureus, 11(1).*

Capítulo 34:

- Brearley, J., Venis, M. A., & Blatt, M. R. (1997). The effect of elevated CO_2 concentrations on K^+ and anion channels of Vicia faba L. guard cells. *Planta, 203(2),* 145-154.
- Busoms, S., Teres, J., Huang, X. Y., Bomblies, K., Danku, J., Douglas, A., ... & Salt, D. E. (2015). Salinity is an agent of divergent selection driving local adaptation of Arabidopsis to coastal habitats. *Plant Physiology, 168(3),* 915-929.
- Economía Política, V., Guadalupe, C. R. M., & Roi, V. P. A. L. La revolución verde.
- Alexandratos, N. (Ed.). (1995). Agricultura mundial hacia el año 2010. Estudio de la FAO. Food & Agriculture Org..

- *Lebedev, V. G., Faskhiev, V. N., Kovalenko, N. P., Shestibratov, K. A., & Miroshnikov, A. I. (2016). Testing transgenic aspen plants with bar gene for herbicide resistance under semi-natural conditions. Acta Naturae (англоязычная версия), 8(2 (29)), 92-101.*
- *Rodríguez Egea, P. L., & Pardo Muñoz, J. M. (2016). Biotecnología agrícola para mejorar la tolerancia a sequía y salinidad. SEBBM. Revista de la Sociedad Española de Bioquímica y Biología Molecular, 188, 21-24.*
- *Williams, B., & Dickman, M. (2008). Plant programmed cell death: can't live with it; can't live without it. Molecular Plant Pathology, 9(4), 531-544.*
- *Woodward, F. I., Lomas, M. R., & Kelly, C. K. (2004). Global climate and the distribution of plant biomes. Philosophical Transactions of the Royal Society of London. Series B: Biological Sciences, 359(1450), 1465-1476.*

Capítulo 35:

- *Stull, J. W., Peregrine, A. S., Sargeant, J. M., & Weese, J. S. (2012). Household knowledge, attitudes and practices related to pet contact and associated zoonoses in Ontario, Canada. BMC Public Health, 12(1), 1-15.*
- *Takashima, G. K., & Day, M. J. (2014). Setting the One Health agenda and the human–companion animal bond. International journal of environmental research and public health, 11(11), 11110-11120.*
- *Taylor, L. H., Latham, S. M., & Woolhouse, M. E. (2001). Risk factors for human disease emergence.*

- *Philosophical Transactions of the Royal Society of London. Series B: Biological Sciences, 356(1411), 983-989.*
- *Stull, J. W., Brophy, J., & Weese, J. S. (2015). Reducing the risk of pet-associated zoonotic infections. Cmaj, 187(10), 736-743.*
- *López, J., Peña, A., Pérez, R., & Abarca, K. (2013). Tenencia de mascotas en pacientes inmunocomprometidos: actualización y consideraciones veterinarias y médicas. Revista chilena de infectología, 30(1), 52-62.*

Capítulo 36:

- *Horseman, N. D., & Buntin, J. D. (1995). Regulation of pigeon cropmilk secretion and parental behaviors by prolactin. Annual review of nutrition, 15(1), 213-238.*
- *Gillespie, M. J., Stanley, D., Chen, H., Donald, J. A., Nicholas, K. R., Moore, R. J., & Crowley, T. M. (2012). Functional similarities between pigeon 'milk' and mammalian milk: induction of immune gene expression and modification of the microbiota. PloS one, 7(10), e48363.*
- *Torres, C. R., Ogawa, L. M., Gillingham, M. A., Ferrari, B., & van Tuinen, M. (2014). A multi-locus inference of the evolutionary diversification of extant flamingos (Phoenicopteridae). BMC evolutionary biology, 14(1), 1-10.*

Capítulo 37:

- *Born, J., Rasch, B. & Gais, S. Sleep to remember. Neuroscientist 12, 410-424 (2006).*

- *Cirelli, C., Shaw, P. J., Rechtschaffen, A. & Tononi, G. No evidence of brain cell degeneration after long-term sleep deprivation in rats. Brain Res. 840, 184-193 (1999).*
- *Gao, B. et al. Sleep disruption aggravates focal cerebral ischemia in the rat. Sleep 33, 879-887 (2010).*
- *Vyazovskiy, V., Harris, K. Sleep and the single neuron: the role of global slow oscillations in individual cell rest. Nat Rev Neurosci 14, 443-451(2013).https://doi.org/10.1038/nrn3494*
- *Crunelli, V. & Hughes, S. W. The slow (<1 Hz) rhythm of non-REM sleep: a dialogue between three cardinal oscillators. Nature Neurosci. 13, 9-17 (2009).*
- *Petrovsky, Nadine et al. "Sleep deprivationdisrupts prepulse inhibition and induces psychosis-like symptoms in healthy humans." The Journal of neuroscience : the official journal of the Society for Neuroscience vol. 34,27:9134-40 (2014).doi:10.1523/ JNEUROSCI.0904-14.2014*
- *Moosavi, Maryam, and Gholam Reza Hatam. "The Sleep in Caenorhabditis elegans: What We Know Until Now." Molecular neurobiology vol. 55,1:879-889 (2018). doi:10.1007/s12035-016-0362-9*
- *Feld, Gordon B, and Jan Born. "Sculpting memory during sleep: concurrent consolidation and forgetting." Current opinion in neurobiology vol. 44: 20-27 (2017) doi:10.1016/j.conb.2017.02.012.*

Capítulo 38:

- *Alchon, S. A. (2003). A pest in the land: new world epidemics in a global perspective. UNM Press.*

- Benedictow, O. J. (2011). *La peste negra, 1346-1353: la historia completa* (Vol. 316). Ediciones Akal.
- Martín, J. (2011). Identifican el microorganismo que originó la Peste Bubónica. *La aventura de la historia* (Madrid: Arlanza Ediciones) 13 (158). issn 1579-427X.
- Schuenemann, V. J., Bos, K., DeWitte, S., Schmedes, S., Jamieson, J., Mittnik, A., ... & Poinar, H. N. (2011). Targeted enrichment of ancient pathogens yielding the pPCP1 plasmid of Yersinia pestis from victims of the Black Death. *Proceedings of the National Academy of Sciences*, 108(38), E746-E752.

Capítulo 39:

- Owen MJ, Sawa A, Mortensen PB. Schizophrenia. *Lancet*. 2016;388(10039):86-97. doi:10.1016/S0140-6736(15)01121-6
- Ortiz-Medina, M. B., Perea, M., Torales, J., Ventriglio, A., Vitrani, G., Aguilar, L., & Roncero, C. (2018). Cannabis consumption and psychosis or schizophrenia development. *The International journal of social psychiatry*, 64(7), 690–704. https://doi.org/10.1177/0020764018801690

Capítulo 40:

- Yin, J., Gerling, G. J., & Chen, X. (2010). Mechanical modeling of a wrinkled fingertip immersed in water. *Acta biomaterialia*, 6(4), 1487-1496.

- *Changizi, M., Weber, R., Kotecha, R., & Palazzo, J. (2011). Are wet-induced wrinkled fingers primate rain treads?. Brain, behavior and evolution, 77(4), 286-290.*
- *Kareklas, K., Nettle, D., & Smulders, T. V. (2013). Water-induced finger wrinkles improve handling of wet objects. Biology letters, 9(2), 20120999.*
- *Haseleu, J., Omerbašić, D., Frenzel, H., Gross, M., & Lewin, G. R. (2014). Water-induced finger wrinkles do not affect touch acuity or dexterity in handling wet objects. PLoS One, 9(1), e84949.*

Capítulo 41:

- *Ara, K., Hama, M., Akiba, S., Koike, K., Okisaka, K., Hagura, T., ... & Tomita, F. (2006). Foot odor due to microbial metabolism and its control. Canadian journal of microbiology, 52(4), 357-364.*
- *Kobayashi, S. (1990). Relationship between an offensive smell given off from human foot and Staphylococcus epidermidis. Nihon Saikingaku zasshi. Japanese Journal of Bacteriology, 45(4), 797-800.*
- *Oh, J., Byrd, A. L., Park, M., Kong, H. H., Segre, J. A., & NISC Comparative Sequencing Program. (2016). Temporal stability of the human skin microbiome. Cell, 165(4), 854-866.*

Capítulo 42:

- *Xu, X., Song, Y., Guo, L., Cheng, W., Niu, C., Wang, J., ... & Li, Q. (2019). Higher NADH availability of lager*

- *yeast increases the flavor stability of beer. Journal of Agricultural and Food Chemistry, 68(2), 584-590.*
- *Samuel, D. (1996). Archaeology of ancient Egyptian beer. Journal of the American Society of Brewing Chemists, 54(1), 3-12.*
- *Baiano, A. (2021). Craft beer: An overview. Comprehensive Reviews in Food Science and Food Safety, 20(2), 1829-1856.*
- *Burton, M., & Pearse, D. (2002). Consumer attitudes towards genetic modification, functional foods, and microorganisms: A choice modeling experiment for beer.*

Capítulo 43:

- *Bester, J. C. (2016). Measles and measles vaccination: a review. JAMA pediatrics, 170(12), 1209-1215.*
- *Plotkin, S., Gerber, J. S., & Offit, P. A. (2009). Vaccines and autism: a tale of shifting hypotheses. Clinical Infectious Diseases, 48(4), 456-461.*

Capítulo 44:

- *Klasser, G. D., Rei, N., & Lavigne, G. J. (2015). Sleep bruxism etiology: the evolution of a changing paradigm. J Can Dent Assoc, 81(2).*
- *Manfredini, D., Serra-Negra, J., Carboncini, F., & Lobbezoo, F. (2017). Current Concepts of Bruxism. International Journal of Prosthodontics, 30(5).*
- *Lobbezoo, F., Ahlberg, J., Glaros, A. G., Kato, T., Koyano, K., Lavigne, G. J., ... & Winocur, E. (2013).*

- *Bruxism defined and graded: an international consensus. Journal of oral rehabilitation, 40(1), 2-4.*
- Manfredini, D., & Lobbezoo, F. (2009). Role of psychosocial factors in the etiology of bruxism. *J Orofac pain, 23(2)*, 153-66.
- Manfredini, D., Winocur, E., Guarda-Nardini, L., Paesani, D., & Lobbezoo, F. (2013). Epidemiology of bruxism in adults: a systematic review of the literature. *J Orofac Pain, 27(2)*, 99-110.
- Firmani, M., Reyes, M., Becerra, N., Flores, G., Weitzman, M., & Espinosa, P. (2015). Bruxismo de sueño en niños y adolescentes. *Revista chilena de pediatría, 86(5)*, 373-379.
- Firmani, M., Reyes, M., Becerra, N., Flores, G., Weitzman, M., & Espinosa, P. (2015). Sleep bruxism in children and adolescents. *Revista Chilena de Pediatria, 86(5),* 373-379.

Capítulo 45:

- de Cabo, R., & Mattson, M. P. (2019). Effects of intermittent fasting on health, aging, and disease. *New England Journal of Medicine, 381(26)*, 2541-2551.
- Mattson, M. P., Longo, V. D., & Harvie, M. (2017). Impact of intermittent fasting on health and disease processes. *Ageing research reviews, 39*, 46-58.
- Patterson, R. E., & Sears, D. D. (2017). Metabolic effects of intermittent fasting. *Annual review of nutrition, 37*.

Capítulo 46:

- *Beyer, J., Trannum, H. C., Bakke, T., Hodson, P. V., & Collier, T. K. (2016). Environmental effects of the Deepwater Horizon oil spill: a review. Marine pollution bulletin, 110(1), 28-51.*
- *Rung, A. L., Oral, E., Fontham, E., Harrington, D. J., Trapido, E. J., & Peters, E. S. (2019). The long-term effects of the Deepwater Horizon oil spill on women's depression and mental distress. Disaster medicine and public health preparedness, 13(2), 183-190.*
- *Rung, A. L., Oral, E., Fontham, E., Harrington, D. J., Trapido, E. J., & Peters, E. S. (2019). The long-term effects of the Deepwater Horizon oil spill on women's depression and mental distress. Disaster medicine and public health preparedness, 13(2), 183-190.*
- *Ifelebuegu, A. O., Nguyen, T. V. A., Ukotije-Ikwut, P., & Momoh, Z. (2015). Liquid-phase sorption characteristics of human hair as a natural oil spill sorbent. Journal of Environmental Chemical Engineering, 3(2), 938-943.*
- *Kukkar, D., Rani, A., Kumar, V., Younis, S. A., Zhang, M., Lee, S. S., ... & Kim, K. H. (2020). Recent advances in carbon nanotube sponge–based sorption technologies for mitigation of marine oil spills. Journal of colloid and interface science, 570, 411-422.*
- *You, Y., Shim, J., Cho, C. H., Ryu, M. H., Shea, P. J., Kamala-Kannan, S., ... & Oh, B. T. (2013). Biodegradation of BTEX mixture by Pseudomonas putida YNS 1 isolated from oil-contaminated soil. Journal of Basic Microbiology, 53(5), 469-475.*

Capítulo 47:

- *Ball, C. M., & Featherstone, P. J. (2017). The early history of adrenaline. Anaesthesia and intensive care, 45(3), 279-281.*
- *Aschbacher, K., O'Donovan, A., Wolkowitz, O. M., Dhabhar, F. S., Su, Y., & Epel, E. (2013). Good stress, bad stress and oxidative stress: insights from anticipatory cortisol reactivity. Psychoneuroendocrinology, 38(9), 1698-1708.*
- *Do Yup Lee, E. K., & Choi, M. H. (2015). Technical and clinical aspects of cortisol as a biochemical marker of chronic stress. BMB reports, 48(4), 209.*

Capítulo 48:

- *Bouma, H. (1973). Visual interference in the parafoveal recognition of initial and final letters of words. Vision research, 13(4), 767-782.*
- *Navon, D. (1977). Forest before trees: The precedence of global features in visual perception. Cognitive psychology, 9(3), 353-383.*
- *Banks, W. P., Larson, D. W., & Prinzmetal, W. (1979). Asymmetry of visual interference. Perception & Psychophysics, 25(6), 447-456.*

Capítulo 49:

- *Henssge, C., & Madea, B. (2007). Estimation of the time since death. Forensic science international, 165(2-3), 182-184.*

- Bate-Smith, E. C., & Bendall, J. R. (1949). Factors determining the time course of rigor mortis. The Journal of physiology, 110(1-2), 47.

Capítulo 50:

- Evans, H. C., Elliot, S. L., & Hughes, D. P. (2011). Hidden diversity behind the zombie-ant fungus Ophiocordyceps unilateralis: four new species described from carpenter ants in Minas Gerais, Brazil. PloS one, 6(3), e17024.
- Loreto, R. G., Elliot, S. L., Freitas, M. L., Pereira, T. M., & Hughes, D. P. (2014). Long-term disease dynamics for a specialized parasite of ant societies: a field study. PloS one, 9(8), e103516.

Capítulo 51:

- Peacocke, C. (1984). Colour concepts and colour experience. Synthese, 58(3), 365-381.
- Dalton, J. (1794). Extraordinary facts relating to the vision of colours: with observations. Cadell and Davies, London.
- Osorio, D., & Vorobyev, M. (2008). A review of the evolution of animal colour vision and visual communication signals. Vision research, 48(20), 2042-2051.

Capítulo 52:

- Cuadros-Mendoza, C. A., Ignorosa-Arellano, K. R., Zárate-Mondragón, F. E., Toro-Monjaraz, E., Cervantes-Bustamante, R., Montijo-Barrios, E., ... & Ramírez-

Mayans, J. A. (2018). The exposome influence in the first 1,000 days old and gastrointestinal Health. Acta pediátrica de México, 39(3), 265-277.

Capítulo 53:

- Redheads. Caroline Hoffman. University of Toledo.
- Nasti TH, Timares L. MC1R, eumelanin and pheomelanin: their role in determining the susceptibility to skin cancer. Photochem Photobiol. 2015 Jan-Feb;91(1):188-200.

Capítulo 54:

- Bjorvatn, B., & Pallesen, S. (2009). A practical approach to circadian rhythm sleep disorders. Sleep medicine reviews, 13(1), 47-60.
- Farhud, D., & Aryan, Z. (2018). Circadian rhythm, lifestyle and health: a narrative review. Iranian journal of public health, 47(8), 1068.
- Hofstra, W. A., & de Weerd, A. W. (2008). How to assess circadian rhythm in humans: a review of literature. Epilepsy & Behavior, 13(3), 438-444.
- Vitaterna, M. H., Takahashi, J. S., & Turek, F. W. (2001). Overview of circadian rhythms. Alcohol Research & Health, 25(2), 85.

Capítulo 55:

- Fernandes, Jansen; Arida, Ricardo Mario; Gomez-Pinilla, Fernando (2017). Physical Exercise as an Epigenetic Modulator of Brain Plasticity and Cognition. Neuroscience & Biobehavioral Reviews, (), S0149763417301495–. doi:10.1016/j.neubiorev.2017.06.012
- Intlekofer et al., 2013. Exercise and Sodium Butyrate Transform a Subthreshold Learning Event into Long-Term Memory via a Brain-Derived Neurotrophic factor-Dependent Mechanism. Neuropsychopharmacology 38(10):2027-34.
- Donkin et al., 2016. Obesity and Bariatric Surgery Drive Epigenetic Variation of Spermatozoa in Humans. Cell Metab 23(2):369-78.
- Denham et al., 2015. Genome-wide sperm DNA methylation changes after 3 months of exercise training in humans. Epigenomics 7(5):717-31.
- Yin et al., 2013. Paternal treadmill exercise enhances spatial learning and memory related to hippocampus among male offspring. Behav Brain Res 15;253:297-304.
- McGee, S. L., & Hargreaves, M. (2019). Epigenetics and Exercise. Trends in endocrinology and metabolism: TEM, 30(9), 636–645. https://doi.org/10.1016/j.tem.2019.06.002
- Yin, M.M.; Wang, W.; Sun, J.; Liu, S.; Liu, X.L.; Niu, Y.M.; Yuan, H.R.; Yang, F.Y.; Fu, L. (2013). Paternal treadmill exercise enhances spatial learning and memory related to hippocampus among male offspring. Behavioural Brain Research, 253(), 297–304. doi:10.1016/j.bbr.2013.07.040

Capítulo 56:

- *Buettner D, Skemp S. Blue Zones: Lessons From the World's Longest Lived. Am J Lifestyle Med. 2016 Jul 7;10(5):318-321.*

Capítulo 57:

- *Rumpold, B. A., & Schlüter, O. (2015). Insect-based protein sources and their potential for human consumption: Nutritional composition and processing. Animal Frontiers, 5(2), 20-24.*
- *Gravel, A., & Doyen, A. (2020). The use of edible insect proteins in food: Challenges and issues related to their functional properties. Innovative Food Science & Emerging Technologies, 59, 102272.*
- *Aguilera, Y., Pastrana, I., Rebollo-Hernanz, M., Benitez, V., Álvarez-Rivera, G., Viejo, J. L., & Martín-Cabrejas, M. A. (2021). Investigating edible insects as a sustainable food source: nutritional value and techno-functional and physiological properties. Food & Function, 12(14), 6309-6322.*

Capítulo 58:

- *Castellani, R. J., Rolston, R. K., & Smith, M. A. (2010). Alzheimer disease. Disease-a-month: DM, 56(9), 484.*
- *Hemonnot, A. L., Hua, J., Ulmann, L., & Hirbec, H. (2019). Microglia in Alzheimer disease: well-known targets and new opportunities. Frontiers in aging neuroscience, 11, 233.*

- Robinson, S. R., Bishop, G. M., Lee, H. G., & Münch, G. (2004). Lessons from the AN 1792 Alzheimer vaccine: lest we forget. Neurobiology of aging, 25(5), 609-615.
- Heneka, M. T., Carson, M. J., El Khoury, J., Landreth, G. E., Brosseron, F., Feinstein, D. L., ... & Kummer, M. P. (2015). Neuroinflammation in Alzheimer's disease. The Lancet Neurology, 14(4), 388-405.

Capítulo 59:

- EnfermedadesRaras.ORG

Capítulo 60:

- Patenaude, A. F., & Kupst, M. J. (2005). Psychosocial functioning in pediatric cancer. Journal of pediatric psychology, 30(1), 9-27.
- Leisenring, W. M., Mertens, A. C., Armstrong, G. T., Stovall, M. A., Neglia, J. P., Lanctot, J. Q., ... & Yasui, Y. (2009). Pediatric cancer survivorship research: experience of the Childhood Cancer Survivor Study. Journal of clinical oncology, 27(14), 2319.
- Weinberg, R. A. (1996). How cancer arises. Scientific American, 275(3), 62-70.

Capítulo 61:

- Koskela, S., Dahlbo, H., Judl, J., Korhonen, M. R., & Niininen, M. (2014). Reusable plastic crate or recyclable cardboard box? A comparison of two delivery systems. Journal of cleaner production, 69, 83-90.

- *Lo-Iacono-Ferreira, V. G., Viñoles-Cebolla, R., Bastante-Ceca, M. J., & Capuz-Rizo, S. F. (2021). Carbon footprint comparative analysis of cardboard and plastic containers used for the international transport of Spanish Tomatoes. Sustainability, 13(5), 2552.*

Capítulo 62:

- *Li, Q., Han, Y., Dy, A. B. C., & Hagerman, R. J. (2017). The gut microbiota and autism spectrum disorders. Frontiers in cellular neuroscience, 120.*
- *Mangiola, F., Ianiro, G., Franceschi, F., Fagiuoli, S., Gasbarrini, G., & Gasbarrini, A. (2016). Gut microbiota in autism and mood disorders. World journal of gastroenterology, 22(1), 361.*
- *Strati, F., Cavalieri, D., Albanese, D., De Felice, C., Donati, C., Hayek, J., ... & De Filippo, C. (2017). New evidences on the altered gut microbiota in autism spectrum disorders. Microbiome, 5(1), 1-11.*
- *Sharon, G., Cruz, N. J., Kang, D. W., Gandal, M. J., Wang, B., Kim, Y. M., ... & Mazmanian, S. K. (2019). Human gut microbiota from autism spectrum disorder promote behavioral symptoms in mice. Cell, 177(6), 1600-1618.*

Capítulo 63:

- *De Kouchkovsky, I., & Abdul-Hay, M. (2016). Acute myeloid leukemia: a comprehensive review and 2016 update. Blood cancer journal, 6(7), e441-e441.*

- *Padilla Ramos, A. M. (2018). Proyeto de intervención educativa para la promoción de la donación de médula ósea.*
- *La donación de médula ósea | Fundación Josep Carreras contra la Leucemia (fcarreras.org)*

Capítulo 64:

- Coste, B., Mathur, J., Schmidt, M., Earley, T. J., Ranade, S., Petrus, M. J., ... & Patapoutian, A. (2010). Piezo1 and Piezo2 are essential components of distinct mechanically activated cation channels. *Science*, *330*(6000), 55-60.
- Ranade, S. S., Woo, S. H., Dubin, A. E., Moshourab, R. A., Wetzel, C., Petrus, M., ... & Patapoutian, A. (2014). Piezo2 is the major transducer of mechanical forces for touch sensation in mice. *Nature*, *516*(7529), 121-125.
- Woo, S. H., Lukacs, V., De Nooij, J. C., Zaytseva, D., Criddle, C. R., Francisco, A., ... & Patapoutian, A. (2015). Piezo2 is the principal mechanotransduction channel for proprioception. *Nature neuroscience*, *18*(12), 1756-1762.
- Caterina, M. J., Rosen, T. A., Tominaga, M., Brake, A. J., & Julius, D. (1999). A capsaicin-receptor homologue with a high threshold for noxious heat. *Nature*, *398*(6726), 436-441.
- Caterina, M. J., Schumacher, M. A., Tominaga, M., Rosen, T. A., Levine, J. D., & Julius, D. (1997). The capsaicin receptor: a heat-activated ion channel in the pain pathway. *Nature*, *389*(6653), 816-824.

- Tominaga, M., Caterina, M. J., Malmberg, A. B., Rosen, T. A., Gilbert, H., Skinner, K., ... & Julius, D. (1998). The cloned capsaicin receptor integrates multiple pain-producing stimuli. *Neuron, 21*(3), 531-543.

Capítulo 65:

- Saito H, Elting L, Bodey G P, Berkey P. *Serratia* bacteremia: review of 118 cases. Rev Infect Dis 1989; 11: 912-20.
- Vijayakrishnan R, Kouser J, Abraham G. *Serratia rubidaea* as a rare cause of gram-negative bacteremia. Infect Dis Clin Pract 2010; 18: 336-7.

Capítulo 66:

- Norton LE, Schleiss MR. Botulism (*Clostridium botulinum*). In: Kliegman RM, St. Geme JW, Blum NJ, Shah SS, Tasker RC, Wilson KM, eds. *Nelson Textbook of Pediatrics*. 21st ed. Philadelphia, PA: Elsevier; 2020:chap 237.

Capítulo 68:

- Cook, J. M., & Rasplus, J. Y. (2003). Mutualists with attitude: coevolving fig wasps and figs. *Trends in Ecology & Evolution, 18*(5), 241-248.

- Cook, J. M., & West, S. A. (2005). Figs and fig wasps. Current Biology, 15(24), R978-R980.
- Ramírez, W. (1970). Host specificity of fig wasps (Agaonidae). Evolution, 680-691.

Capítulo 69:

- Bhowmik, D., Kumar, K. S., Paswan, S., & Srivastava, S. (2012). Tomato-a natural medicine and its health benefits. Journal of Pharmacognosy and Phytochemistry, 1(1), 33-43.
- Darvin, M. E., Gersonde, I., Albrecht, H., Sterry, W., & Lademann, J. (2007). Resonance Raman spectroscopy for the detection of carotenoids in foodstuffs. Influence of the nutrition on the antioxidative potential of the skin. Laser Physics Letters, 4(6), 452-456.
- Powell, Z. D. L. C. (2001). Antioxidant capacity of lycopene-containing foods. International journal of food sciences and nutrition, 52(2), 143-149.

Capítulo 70:

- Sveinbjornsdottir, S. (2016). The clinical symptoms of Parkinson's disease. Journal of neurochemistry, 139, 318-324.
- Lotankar, S., Prabhavalkar, K. S., & Bhatt, L. K. (2017). Biomarkers for Parkinson's disease: recent advancement. Neuroscience bulletin, 33(5), 585-597.
- Bruno, F., Catalucci, A., Arrigoni, F., Sucapane, P., Cerone, D., Cerrone, P., ... & Masciocchi, C. (2020). An experience-based review of HIFU in functional interventional

neuroradiology: transcranial MRgFUS thalamotomy for treatment of tremor. La radiologia medica, 125(9), 877-886.
- Moosa, S., Martínez-Fernández, R., Elias, W. J., Del Alamo, M., Eisenberg, H. M., & Fishman, P. S. (2019). The role of high-intensity focused ultrasound as a symptomatic treatment for Parkinson's disease. Movement Disorders, 34(9), 1243-1251.

Capítulo 71:

- Roe, C. M., Xiong, C., Miller, J. P., & Morris, J. C. (2007). Education and Alzheimer disease without dementia: support for the cognitive reserve hypothesis. Neurology, 68(3), 223-228.
- Evans, D. A., Hebert, L. E., Beckett, L. A., Scherr, P. A., Albert, M. S., Chown, M. J., ... & Taylor, J. O. (1997). Education and other measures of socioeconomic status and risk of incident Alzheimer disease in a defined population of older persons. Archives of neurology, 54(11), 1399-1405.
- Cummings, J. L., & Cole, G. (2002). Alzheimer disease. Jama, 287(18), 2335-2338.

Capítulo 72:

- Sapolsky, R. Compórtate. La biología que hay detrás de nuestros mejores y peores comportamientos. Madrid. Capitaán Swin Libros. 2018